光电子科学与技术前沿

# 太赫兹光学差频源

黄志明　著

科　学　出　版　社

北　京

## 内 容 简 介

太赫兹波具有不同于其他电磁波段的独特性质,被认为是未来可改变世界的十大关键技术之一。然而广泛存在于自然界和宇宙空间的太赫兹辐射强度非常弱,为实现高灵敏度太赫兹光电探测应用前景,需要人为产生高功率太赫兹辐射源。

本书首先对现有的众多原理实现的太赫兹源及探测器进行了简单介绍,然后选择了发展输出功率高、频率调节范围宽、单色性好、可室温工作的基于非线性光学差频产生太赫兹源。本书重点介绍了作者近些年来在太赫兹光学差频产生方面开展的多种高功率、可调谐太赫兹源的实验研究结果,主要包括基于掺镁铌酸锂晶体参量效应的太赫兹可调谐参量辐射源,基于各向同性晶体的太赫兹无角度调谐源和基于硒化镓及掺硫硒化镓晶体双折射效应的太赫兹共线差频源。

本书的主要读者对象是从事太赫兹科学与技术、红外物理、非线性光学材料等相关研究与应用领域的科技人员以及在读研究生。

### 图书在版编目(CIP)数据

太赫兹光学差频源 / 黄志明著. —北京:科学出版社,2016.5

(光电子科学与技术前沿)

ISBN 978-7-03-047559-6

Ⅰ. ①太⋯ Ⅱ. ①黄⋯ Ⅲ. ①光电子—研究 Ⅳ. ①O462.1

中国版本图书馆 CIP 数据核字(2016)第 042924 号

责任编辑:郭建宇
责任印制:谭宏宇 / 封面设计:殷 靓

科学出版社 出版
北京东黄城根北街 16 号
邮政编码:100717
http://www.sciencep.com

南京展望文化发展有限公司排版
上海叶大印务发展有限公司印刷
科学出版社发行 各地新华书店经销

\*

2016 年 5 月第 一 版　开本:B5(720×1000)
2016 年 5 月第一次印刷　印张:10
字数:201 000

定价:**85.00 元**
(如有印装质量问题,我社负责调换)

# 光电子科学与技术前沿丛书

## 专家委员会

**主任委员** 褚君浩

**副主任委员** 黄 维　李树深

**委　　员**（按姓氏汉语拼音排序）

龚旗煌　郝　跃　胡志高　黄志明
李儒新　罗　毅　杨德仁　张　荣
朱自强

## 咨询委员会

**主任委员** 姚建年

**副主任委员** 高瑞平

**委　　员**（按姓氏汉语拼音排序）

何　杰　潘　庆　秦玉文　张守著

# Preface 丛书序

"光电子科学与技术前沿"丛书主要围绕近年来光电子科学与技术发展的前沿领域,阐述国内外学者以及作者本人在该前沿领域的理论和实验方面的研究进展。经过几十年的发展,中国光电子科学与技术水平有了很大程度提高,光电子材料、光电子器件和各种应用已发展到一定高度,逐步在若干方面赶上世界水平,并在一些领域走在前头。当前,光电子科学与技术方面研究工作科学规律的发现和学科体系的建设,已经具备系列著书立说的条件。这套丛书的出版将推动光电子科学与技术研究的深入,促进学科理论体系的建设,激发科学发现、技术发明向现实生产力转化。

光电子科学与技术是研究光与物质相互作用的科学,是光学光子学和电子科学的交叉学科,涉及经典光学、电磁波理论、光量子理论,和材料学科、物理学科、化学学科,以及微纳技术、工程技术等,对于科学技术的整体发展和信息技术与物质科学技术的深度融合发展都具有重要意义。光电子科学技术从本质上是描述物质运动形态转换规律的科学,从光电转换的经典描述到量子理论,从宏观光电转换材料到微纳结构材料,人们对光电激发动力学的认识越来越深入。随着人们对光电转换规律的发现和应用日益进入自由王国,发明了多种功能先进的光电转换器件以及智能化光电功能系统,开辟了光电功能技术广泛应用的前景。

本丛书将结合当代光电子科学技术的前沿领域,诸如太阳电池、红外光电子、LED 光电子、硅基光电子、激光晶体光电子、半导体低维结构光电子、氧化物薄膜光电子、铁电和多铁材料光器件、纳米光电子、太赫兹光效应、超快光学、自旋光电子、有机光电子、光电子新技术和新方法、飞秒激光微纳加工、新型光电子材料、光纤光电子等领域，阐述基本理论、方法、规律和发现及其应用。丛书有清晰的基本理论体系的线条，有深入的前沿研究成果的描述，特别是包括了作者团队、以及国内国际同行的科研成果，并且与高新技术结合紧密。本丛书将在光电科学技术诸多领域建立光电转换过程的理论体系和研究方法框架，提供光电转换的基本理论和技术应用知识，使读者能够通过认识和理解光电转换过程的规律，用于了解人们已经掌握的光电转换材料器件和应用，同时又能通过现有知识和研究方法的掌握，具备探索新规律、发明新器件、开拓应用新领域的能力。

我和丛书专家委员会的所有委员们共同期待这套丛书能在涉及光电子科学与技术知识的深度和广度上达到一个新的高度。让我们共同努力，为广大读者提供一套高质量、高水平的光电子科学与技术前沿系列著作，作为对中国光电子科学与技术事业发展的贡献。

2015 年 8 月

## Preface | 序　言

　　太赫兹波是指电磁波中波长在 3 毫米到 30 微米、频率在 0.1～10 THz 波段，因波长介于毫米波与红外光波之间，所以它具有比微波探测更高的空间分辨率和比红外光波更好的透射能力，除能直接确定分子的振动和转动光谱特性外，在大气遥感、天文探测、医学成像、环境检测、保密通信、食品检测和基础研究等方面有着广泛的应用前景。

　　太赫兹辐射在自然界中无处不在。根据黑体辐射理论，物体的辐射强度分布与物体温度及波长有关，温度 1～100 K 的物体的辐射峰值波长虽位于太赫兹波段，但由于温度低辐射强度小，低温目标的太赫兹波探测变得困难。对常温目标而言，虽然辐射总量随温度升高而增加，但由于太赫兹波段远离辐射的峰值，常温目标的太赫兹辐射强度随波长增加迅速下降，辐射直接探测也变得困难。因此，研制能照射目标或作为信息传输载体的高功率太赫兹辐射源以及高灵敏度探测器成为当今太赫兹技术和应用发展的关键之一。

　　在当前产生强太赫兹辐射的多种光学和电子学方法中，光学差频技术是产生频率连续可调、功率高和线宽窄的太赫兹辐射源的最有效方法之一。差频太赫兹的产生是一种基于二阶非线性光学的参量过程，它通过强光与非线性晶体相互作用，由两个不同频率的输入光子同时湮灭来产生频率为两者差频的第三个光子。因为现有激光器可调谐、频率稳定、功率高以及非线性晶体材料损伤阈值高，因此采用差频方法能建立宽波段可调、单色性好、功率高和相对稳定的室温相干太赫兹辐射源，推动了太赫兹技术在通信、雷达、遥感、成像等方面的应用，显现良好的前景。

黄志明教授总结了现阶段使用不同方法产生的太赫兹源及其相关技术，介绍了他所研究的光学差频产生太赫兹辐射的方法，实现的多种高功率、可调谐太赫兹源及其实际应用。

这本《太赫兹光学差频源》较全面综述了有关研究成果，包括原理方法及实现技术，据本人所知，这是国际上关于太赫兹差频技术源的第一本专著。相信本书的出版有助于太赫兹技术的进步并能推动我国太赫兹技术的应用发展。

期望本书对从事光电子学、特别是太赫兹光电子学科研和工程技术人员有所帮助，也可供相关专业研究生及高年级本科生作为学习参考。

2016 年 3 月

# Foreword 前 言

  太赫兹(THz)是介于红外与毫米波之间的一个特殊电磁波波段,也就是早期的远红外和亚毫米波波段,该波段是电磁波谱中人类认识最不成熟的一个波段。自从 20 世纪 80 年代早期太赫兹相干探测技术取得突破后,THz 无论是在基础研究还是在技术应用上均已成为研究的热点和焦点。这是因为 THz 技术在物理学、材料科学、医学成像、大气观测、射电天文、通信方面等军事和民用领域表现出巨大的应用前景和优势。但在 THz 波段自然界辐射的平均功率只有纳瓦量级,同时空气中水分子等极性分子对 THz 信号吸收衰减,到达 THz 探测器的信号通常会更弱。因此,太赫兹发展所面临的最大挑战是高灵敏度探测,其存在的根本问题是高功率 THz 源的产生和高灵敏度 THz 探测技术。

  本书主要涉及太赫兹源的研究,作者综合考虑比较各种太赫兹源的现状并判断未来发展趋势后,总结了太赫兹参量产生和太赫兹共线差频方法实现多种高功率可调谐太赫兹源的研究结果。其中第 1 章概括性阐述了太赫兹的特点、应用、国内外现状以及太赫兹源和探测的主要方法;第 2 章介绍了非线性光学差频的基本理论;第 3 章对掺镁铌酸锂晶体太赫兹参量产生实验进行了系统的理论分析以及实验研究;第 4 章对各向同性晶体共线差频产生太赫兹波进行了研究,同时进行了晶体变温太赫兹共线差频辐射源研究;第 5 章研究了在具体实验过程中对高功率源产生重要影响的相位失配与晶体材料吸收系数；第6章采用硒化镓及掺硫硒化镓晶体实现高功率太赫兹差频源；最后第7章给出多种其他非线性晶体实现太赫兹差频特性分析。

  作者衷心感谢褚君浩院士和沈学民教授长期以来的指导与支持，感谢课题组的黄敬国、陆金星、王兵兵以及访问学者Yury Andreev教授在太赫兹源实验方面的辛苦研究工作。同时感谢课题组的周炜、童劲超、吴敬、高艳卿、柏玲仙、孙雷、姚娘娟、江林、曲越、欧阳程、张飞等的帮助。感谢中科院重大科研装备研制、科工局重大预研、国家自然科学基金等项目对本书工作内容的支持。

  本书的工作是作者近些年来研究工作的总结。在研究工作中涉及高功率激光、非线性光学、深低温制冷、固体物理、电子线路等知识，作者希望通过介绍太赫兹非线性光学差频方面的研究成果及经验，为需要了解太赫兹差频技术的读者或者将从事该研究的科研工作者提供一定的参考和借鉴。由于作者水平有限，书中不妥之处在所难免，恳请广大师生和读者提出批评与建议。

黄志明

2015年12月于上海

# Contents 目 录

丛书序
序言
前言

**第 1 章　概述** ·································································································· 001
 1.1　太赫兹波 ······························································································· 001
 1.2　太赫兹辐射特性 ····················································································· 003
  1.2.1　极性分子指纹识别性 ······································································ 003
  1.2.2　非极性分子透视性 ········································································ 003
  1.2.3　人体的安全性 ·············································································· 003
  1.2.4　频带与波长双优势性 ······································································ 003
 1.3　太赫兹技术应用 ····················································································· 004
  1.3.1　太赫兹天文探测 ············································································ 004
  1.3.2　太赫兹遥感 ·················································································· 004
  1.3.3　太赫兹成像 ·················································································· 006
  1.3.4　太赫兹光谱 ·················································································· 007
  1.3.5　太赫兹通信 ·················································································· 007
  1.3.6　太赫兹雷达 ·················································································· 008
 1.4　国内外研究发展状况 ··············································································· 008
 1.5　太赫兹的产生 ························································································ 010

1.5.1 光学产生方法 ………………………………………………………… 011
1.5.2 电子学产生方法 ……………………………………………………… 018
1.6 太赫兹探测技术 …………………………………………………………… 020
1.6.1 直接探测 ……………………………………………………………… 021
1.6.2 外差探测 ……………………………………………………………… 024
1.7 太赫兹产生和探测方法比较 ……………………………………………… 027
参考文献 ………………………………………………………………………… 028

## 第 2 章 非线性光学差频及参量产生理论 ………………………………… 033
2.1 非线性差频的三波耦合方程 ……………………………………………… 033
2.1.1 介质中的非线性波动方程 …………………………………………… 034
2.1.2 太赫兹差频辐射的耦合波方程 ……………………………………… 035
2.1.3 太赫兹差频辐射功率及 Manley–Rowe 关系 ……………………… 036
2.2 相位匹配 …………………………………………………………………… 038
2.2.1 双折射效应相位匹配 ………………………………………………… 039
2.2.2 准相位匹配 …………………………………………………………… 041
2.2.3 非共线相位匹配 ……………………………………………………… 043
2.2.4 部分各向同性晶体共线相位匹配 …………………………………… 043
2.3 太赫兹参量产生作用原理 ………………………………………………… 044
参考文献 ………………………………………………………………………… 047

## 第 3 章 掺镁铌酸锂晶体太赫兹参量产生源 ……………………………… 049
3.1 太赫兹参量源研究背景 …………………………………………………… 049
3.2 铌酸锂晶体光学性质 ……………………………………………………… 051
3.3 铌酸锂晶体参量辐射产生原理 …………………………………………… 052
3.4 铌酸锂晶体参量辐射产生数值计算 ……………………………………… 053
3.5 掺镁铌酸锂晶体太赫兹参量产生源实验研究 …………………………… 056
3.5.1 太赫兹参量产生源实验配置 ………………………………………… 056
3.5.2 太赫兹参量产生实验结果与分析 …………………………………… 058
参考文献 ………………………………………………………………………… 060

## 第 4 章 各向同性晶体太赫兹共线差频源 ………………………………… 062
4.1 各向同性半导体共线差频理论分析 ……………………………………… 062

4.2 各向同性晶体室温共线太赫兹共线差频实验 063
    4.2.1 差频泵浦源介绍 063
    4.2.2 各向同性晶体太赫兹共线差频实验光路图 065
4.3 基于碲化镉晶体室温太赫兹共线差频研究 066
    4.3.1 碲化镉晶体太赫兹共线差频辐射理论分析 066
    4.3.2 碲化镉晶体太赫兹共线差频辐射实验结果及分析 068
4.4 基于磷化镓晶体室温共线太赫兹差频实验研究 069
    4.4.1 本征磷化镓晶体太赫兹共线差频辐射理论分析 069
    4.4.2 磷化镓晶体太赫兹共线差频辐射实验结果及分析 071
4.5 基于 n 型磷化镓晶体变温共线太赫兹差频实验 072
    4.5.1 n 型磷化镓晶体变温太赫兹共线差频实验光学系统 072
    4.5.2 n 型磷化镓晶体变温太赫兹共线差频实验结果及分析 072
参考文献 075

# 第 5 章 相位失配与材料吸收对太赫兹差频功率的影响 077

5.1 实验模型 078
5.2 相位匹配且无晶体吸收条件下的情形 078
5.3 相位匹配但有晶体吸收条件下的情形 079
5.4 相位失配但无晶体吸收条件下的情形 081
5.5 相位失配并有晶体吸收条件下的情形 084
参考文献 086

# 第 6 章 硒化镓及掺硫硒化镓晶体太赫兹差频源 088

6.1 硒化镓及掺杂晶体光学性质 089
    6.1.1 硒化镓晶体性质 089
    6.1.2 掺硫硒化镓晶体性质 091
6.2 硒化镓差频产生中红外的实验研究 095
    6.2.1 差频参数理论分析 095
    6.2.2 差频实验结果 098
6.3 硒化镓差频产生太赫兹波的实验研究 102
    6.3.1 实验配置 102
    6.3.2 实验结果与分析 105
6.4 掺硫硒化镓晶体太赫兹共线差频实验研究 111
    6.4.1 掺硫硒化镓晶体差频理论分析 111

  6.4.2 掺硫硒化镓晶体太赫兹共线差频实验 ················· 112
  6.4.3 太赫兹共线差频实验结果及分析 ····················· 113
 6.5 太赫兹传输特性研究 ······················································ 116
  6.5.1 太赫兹差频源远距离探测 ······························· 116
  6.5.2 太赫兹目标特性研究 ······································ 119
 6.6 基于外部级联二次差频提高太赫兹波转换效率的分析 ············· 120
 参考文献 ············································································ 123

## 第7章 多种其他晶体太赫兹差频特性 ············································ 126
 7.1 材料基本特性 ····························································· 126
  7.1.1 $ZnGeP_2$ 晶体 ············································ 126
  7.1.2 CdSe 晶体 ················································· 127
  7.1.3 $AgGaS_2$ 晶体 ············································ 128
  7.1.4 $AgGaSe_2$ 晶体 ··········································· 129
 7.2 太赫兹差频特性 ·························································· 129
  7.2.1 相位匹配角 ················································ 130
  7.2.2 有效非线性系数 ·········································· 132
  7.2.3 走离角 ······················································ 132
  7.2.4 允许角 ······················································ 134
 7.3 晶体品质因数比较 ······················································· 136
 参考文献 ············································································ 137

索引 ························································································ 139
后记 ························································································ 144

# 第 1 章

# 概 述

太赫兹科学技术被誉为本世纪的一场前沿革命，它已经成为本世纪科学研究的热门领域，将给科学及应用带来极大地促进作用。因为太赫兹波本身的独特性质，它具有其他波段的电磁波不可替代的应用前景。然而限制太赫兹技术发展的瓶颈主要在两方面：一是高功率、高效率的紧凑型太赫兹辐射源，二是高灵敏度、实用化的太赫兹探测器。如何突破这两个瓶颈，仍是太赫兹领域科研人员研究的重点方向。本章将主要介绍太赫兹的基本概念、特点及应用，同时回顾到目前为止国内外在太赫兹领域的总体研究状况，概括介绍太赫兹波产生与探测的主要方法，并对各种太赫兹源产生和探测方法进行简单比较。

## 1.1 太赫兹波

太赫兹波(Terahertz,简称 THz)是指频率从 100 GHz 到 10 THz (1 THz = $10^{12}$ Hz)，波长从 3 mm 到 30 μm 之间的电磁波谱，该波段介于毫米波与红外光之间(如图 1.1 所示)，被认为是最后一个尚未被人类充分认识及开发利用的电磁光谱波段。从 2002 年 Nature 杂志提出"Terahertz Gap"的概念后[1]，太赫兹最近十多年发展非常迅速。太赫兹已经是当今世界科学发展中极为活跃的研究热点之一，已涉及非线性光学、瞬态光学、超短脉冲激光、超快半导体材料、激光等离子体产生技术、太赫兹频段波谱探测与分析，以及太赫兹成像应用等众多学科专业，被誉为"未来改变世界的十大关键技术之一"[2]。太赫兹电磁波辐射广泛存在于自然界和宇宙空间中，根据黑体辐射理论，太赫兹电磁辐射所对应的背景辐射温度为 0.97~97 K，占有宇宙背景温度(2.7 K)微波辐射中约一半的光子能量。尽管自然界广泛存在太赫兹辐射，但是在 20 世纪 80 年代中期之前，由于缺乏相应紧凑型太赫兹高功率辐射源以及室温高灵敏性探测器，这一波段的电磁辐射并没有得到深入的研究,主要研究基本局限于外太空天文领域。此外,空气中的水汽对太赫兹具有强烈的吸收,图1.2给出了不同天气对太赫兹波的吸收频谱图[3]。由图可知,为实现自由空间的应用,我们必须研制出高功率的太赫兹辐射源。虽然大气中存在水汽等的强吸收,幸运的是,对于宽谱段的太赫兹波依然存在一些太赫兹透明窗口(如0.15,0.23,0.34,0.5,0.65,0.87 THz等),我们可以利用这些大气窗口实现太赫兹的广泛应用。

图1.1 太赫兹波在电磁波谱中的位置分布

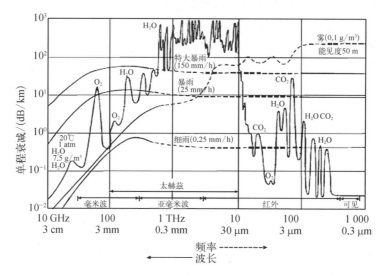

图1.2 大气对太赫兹波的强烈吸收[3]

太赫兹也就是原来的亚毫米波或者远红外波,人们早在19世纪末就认识到该电磁波段。但其发展一直受到物理技术方面的制约。直到最近20多年来,得益于超短脉冲光电导产生及相干探测技术的突破,太赫兹科学领域得到快速的发展,吸引了众多科研人员以及各国政府的关注与重视。目前,高功率、宽波段、可连续调谐的室温太赫兹源以及高性能的太赫兹探测器技术是研究的重点与热点,它将对整个太赫兹技术的进一步推广起到关键性作用。一份来自 BCC Research 的市场调研报告表明,"2011年太赫兹系统的全球市场价值为8 370万美元,十年后将达5亿6 500万美元"[4],2011年,全球知名IT咨询公司Gartner公司也将太赫兹技术列为2011年六大电子类创新技术之一[5]。

## 1.2 太赫兹辐射特性

太赫兹之所以引起人们浓厚的研究兴趣,并不仅仅因为它是一类虽然广泛存在但还不为人所熟知的电磁波辐射,更重要的是它具有很多独特的光学性质。太赫兹波处于宏观经典理论向微观量子理论的过渡区,为电子学向光子学趋近的过渡区间,它在长波方向与毫米波有重叠,在短波方向又与红外线有重叠。由于所处位置特殊,太赫兹波表现出不同于其他波段的独特光学性质。

### 1.2.1 极性分子指纹识别性

水等极性分子对太赫兹吸收特别敏感,利用太赫兹研究与水有关的物质具有独特性。另外,许多物质大分子如生物大分子的振动(包括集体振动)和转动频率都在太赫兹波段,在太赫兹波段表现出非常强的吸收和谐振效应。不同分子对于太赫兹波的吸收和散射特性与分子振动和转动能级有关的偶极跃迁相联系,而分子的偶极跃迁犹如人的指纹千差万别。因此物质的太赫兹光谱包含丰富的物理和化学信息,使得太赫兹波具有类似指纹的唯一性。太赫兹成像光谱,不但能够辨别物体的形貌,而且能够鉴别物体的组成成分。

### 1.2.2 非极性分子透视性

太赫兹波是具有量子特性的电磁辐射,它既具有类似微波的穿透能力,也具有类似光波的方向性。对于很多介电材料和非极性材料(例如陶瓷、脂肪、布料、木材、纸张等),它具有良好的穿透性,可以对可见光不透明物体进行太赫兹透视成像。此外,由于它的波长远大于空气中悬浮的灰尘或烟尘颗粒尺度(从亚微米到几十微米),这些悬浮颗粒对太赫兹波的散射要远小于对光频和红外波段电磁辐射的影响。因此,太赫兹波可以在浓烟、风尘环境中进行低损耗传播。

### 1.2.3 人体的安全性

太赫兹波技术的一个显著特点是安全性,它具有非常低的光子能量(1 THz 对应 4.2 meV 能量),比 X 射线光子能量低 7~8 个数量级。它的光子能量低于各种化学键的键能,不会对人体以及生物组织等造成光损伤以及光化电离反应。另外,由于水对太赫兹波有强烈的吸收,太赫兹波辐射不能穿透人体皮肤,因此即使高功率的太赫兹辐射,对人体的影响也只能停留在皮肤表层,而不像微波可以穿透到人体内部。

### 1.2.4 频带与波长双优势性

就频率而言,太赫兹波频率相当于当前无线通信载波的数百至一千倍,太赫兹无线通信技术有望使单个信道的信息传输容量提升几百倍。与微波通信相比,太赫兹波通信具有通讯带宽大、方向性好、保密性强、安全性高等特点。就波长而言,太赫兹波长远大于可见光,使得太赫兹近场在空间上更容易实现,在生物医学的临床应用上具有非常大的优势。

## 1.3 太赫兹技术应用

由于太赫兹波具有上述主要独特光学特征,太赫兹技术已经成为非常重要的交叉前沿领域。它不仅在物理、化学、天文学、生命科学和医药科学等基础研究领域具有重要的科学研究价值,而且在安全检查、医学成像、环境检测、食品检验、射电天文、卫星通信、大气遥感、太赫兹雷达和武器制导等领域也具有非常广阔的应用前景[6]。下面介绍其六种典型应用。

### 1.3.1 太赫兹天文探测

美国航空航天局(National Aeronautics and Space Administration,NASA)的宇宙背景弥散红外光谱实验结果表明:由"大爆炸"产生的已知星系辐射中近98%光子能量分布在太赫兹波段,其典型的星际尘埃辐射、分子辐射光谱如图1.3所示[7]。太赫兹探测技术是一种观测宇宙中冷暗天体、早期遥远天体、被尘埃遮掩的恒星和行星系统,以及巨大气体和尘埃云的重要手段之一。相比光学近红外波段探测技术,太赫兹探测技术可以穿透星际尘埃,且具有比微波和毫米波探测技术更高的空间分辨率。因此,太赫兹天文观测在天体物理与宇宙学研究中具有不可替代的作用,对于理解宇宙状态和演化具有非常重要的意义。自20世纪90年代末以来,在太赫兹波段发现了一系列重要的天文观测,如利用微波背景辐射场分布精确测量宇宙学参数和SCUBA星系的发现等,已经冲击了天体物理各个层次的研究。为此,欧洲、美国、日本等已建设并提出了一系列地面和空间太赫兹天文计划,如SMA、ALMA、CCAT、SOFIA、Herschel(图1.4)、SPICA等,中国也已经开始着手在南极天文台实施5米太赫兹望远镜(DATE5)。

### 1.3.2 太赫兹遥感

2005年,美国NASA等多个研究机构联合向美国国家科学研究委员会(National Research Council,NRC)递交了《The Far-Infrared Spectrum:Exploring a New Frontier in the Remote Sensing of Earth's Climate》白皮书,充分说明了太赫兹波段在对地球气候观测方面的重要性。在太赫兹波段内有许多分子特征吸收线,可以用来探测大气中特定种类或相态的踪迹成分,如水汽、冰云、臭氧等,从而给出有关对流层和平流层中上升气流运动的信息,实现环境降水分布监测,同时太赫兹波

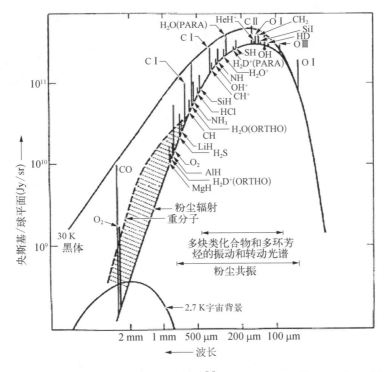

图 1.3　典型星际尘埃、分子辐射光谱[7]【注：$1\,\text{Jy} = 10^{-26}\,\text{W/cm}^2 \cdot \text{Hz}$】

图 1.4　Herschel 太空望远镜及其所拍到的仙女座星系风暴[8]

对因人类活动而排放的含氯、氮、硫、氰废气有特殊的敏感性，可用于臭氧层的大气环保监控，从而及时了解如臭氧空洞、沙尘、废气排放、降水分布等一系列关乎人类生存的环境问题，具体如图 1.5 所示。美国、欧洲和日本已在该领域进行了大量研究工作，如 NASA 的 Aura 卫星、日本的 JEM/SMILES 探测以及欧洲航天局的 MASTER 计划等。我国也提出了在风云四号新一代气象卫星上配置太赫兹波辐射成像仪的设想，中国科学院空间中心等单位已经开始进行 400 GHz 以上频率的辐射计的预先研究，并开展了 220 GHz 和 426 GHz 探测仪的原理样机研制。

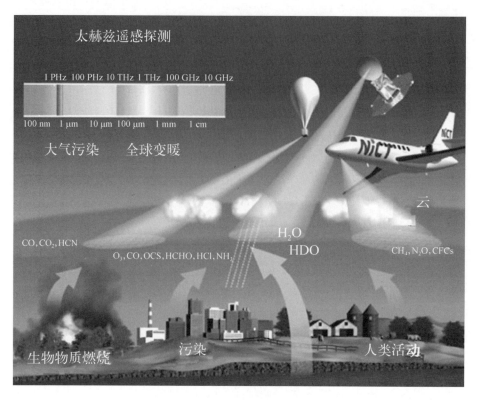

图 1.5　THz 遥感应用

### 1.3.3　太赫兹成像

相对于可见光和 X 射线成像，太赫兹成像具有非常强的互补特性，特别适合可见光不能透过，而 X 射线成像对比度又不够的场合。同时相对于微波毫米波成像，太赫兹光波长小于微波和毫米波，有利于获得目标的精细成像，并且对物体运动引起的多普勒效应更为显著，可用于运动目标的探测、高分辨率合成孔径与逆合成孔径成像等。此外，一些爆炸物，毒品等违禁物品在太赫兹频段具有独一无二的频谱特性，被称为"指纹谱"。因此，相对于其他波段，太赫兹波段的成像系统更加适合对隐匿炸药、枪支、匕首等违禁品的成像探测与识别，在反恐和公共安全领域具有非常重要的应用价值。在生物医疗方面，太赫兹波长比可见光长，更容易对生物组织器官实现近场实时成像。

目前，英、美等国家已研发出了实用化的太赫兹成像设备，并开始在公共安全领域发挥巨大作用。例如研制的 T4000/T5000 无源太赫兹成像系统、爱尔兰 Farran 公司研制的有源太赫兹人体检测成像系统、美国研制的 Provision 有源太赫兹成像系统(图 1.6)等都已成功装备于多个民用机场，用于旅客和行李的安全检测，能分辨出人体手指关节、骨骼、组织以及性别等特征。

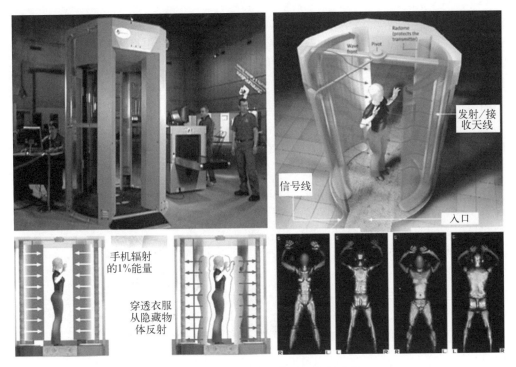

图1.6 太赫兹成像系统用于机场安检

## 1.3.4 太赫兹光谱

物质的太赫兹自发辐射广泛存在于自然界中。例如微纳材料结构中的许多特征能量,半导体中的受主、施主及激子束缚能、光学声子能量、超导能隙、电子-声子互相作用以及各种隧穿机制等在能量尺度上都是太赫兹波段,室温气相分子间的碰撞频率约为1 THz,气态和固态等离子体以太赫兹频率振动。可以通过太赫兹光谱来研究纳米材料和超导材料等中的各种机制。许多极性有机分子,其振动和转动能级所对应的跃迁能量与太赫兹波光子能量相当,在太赫兹光谱中呈现出太赫兹吸收峰,可以用太赫兹光谱来识别不同的有机分子。太赫兹光谱还可以用于研究物质的化学组成、量子相互作用过程等。近年来,基于飞秒超短激光脉冲的太赫兹时域光谱(THz-TDS)系统已得到普及,成为一种重要的太赫兹光谱研究手段。它可同时获得物质对太赫兹脉冲的振幅和相位变化信息,从而直接获得材料的光学常数,而无须像傅里叶光谱仪器借助于数学上的KK(Kramers-Kronig)关系变换获得完整的太赫兹波段光学性质。

## 1.3.5 太赫兹通信

相比较微波通信,太赫兹波通信具有更高的频谱带宽,其通讯速度可高达10 GB/s,比目前的超带宽技术快几百至上千倍。大气中的水汽对太赫兹辐射具有强烈吸收,限制了其在大气环境下常规无线通信的应用(长距离传播),但是也赋予一些特殊通信应用要求的优势,如短距离战场保密通信、近距离高速无线互连以及大容量高保密空间太赫兹通信等。采用太赫兹波实现大容量高保密无线通信、近距离太赫兹无线互连已经成为美国、德国、日本等发达国家在太赫兹研究领域的重点研究方向。在太赫兹波谱的低频波段(0.1~1 THz)存在着几个重要的大气透明窗口,太赫兹波在这些大气窗口中能有效传播几公里乃至几十公里,可以实现近距离大容量的太赫兹保密通信,这对于在复杂电磁环境下的现代战场中保持战斗单元之间实时共享战场环境与战斗资料、搭建战场全方位指挥系统具有重要意义。图 1.7 为用于 2008 年北京奥运会的第三代太赫兹波段无线通信设备(日本 NTT 公司研制,中心频率 0.12 THz),其传输速率达到 10G bit/s[9]。因为太空水汽等的不存在,太赫兹在星际卫星间通信方面也有很好的发展前景。

图 1.7　120 GHz 通信,传输速率 10 G bit/s[9]

### 1.3.6　太赫兹雷达

太赫兹雷达探测是一项新型技术。太赫兹探测雷达能够以极高的重复频率发射纳秒或皮秒量级的太赫兹脉冲,具有高距离(时间)分辨率、强穿透力、低截获率、强抗干扰性以及优越的反隐身能力。NASA 的喷气推进实验室(JPL)研制了 675 GHz 雷达,检测距离为 25 m,速度可达 1 次/s[10]。美国国家地面情报中心资助的便携式太赫兹雷达研究项目中,使用 1.56 THz 的雷达波(图 1.8)对 1/16 比例的军用拖车和 T72 坦克模型进行雷达探测成像,标志着太赫兹雷达探测小型化的机动目标成为现实。

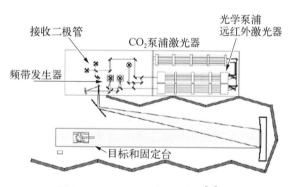

图 1.8　1.56 THz 雷达示意图[11]

## 1.4　国内外研究发展状况

2000 年以来,超快激光以及电子学外差混频技术的飞速发展推动了太赫兹波技术的快速进步，太赫兹波的重要性得到了越来越多国家和机构的研究与关注，有关太赫兹技术研究和应用的重大突破争先报道于国际顶尖杂志[12~29]，其在物理学、材料科学、医学成像、大气观测、射电天文、宽带和保密通信、卫星间通讯方面等军事和民用领域表现出巨大的应用前景。

在太赫兹技术的研究上，国外起步较早，以欧美和日本等发达国家进行空间应用（部分如图 1.9 所示）和新型元器件研究为代表，获得了巨大的发展。NASA 分别于 1991 年和 2004 年发射的大气研究卫星上搭载了临边探测器，利用外差接收技术进行太赫兹频段谱线观测。欧洲 2001 年发射了搭载有亚毫米波辐射计的 Odin 卫星也进行了大气臭氧变化的临边观测。日本 2009 年发射完成了搭载在国际空间站上的基于超导 SIS 混频器和 4K 机械制冷机的亚毫米波临边探测器 (JEM/SMILES)。另外还有一系列地面和空间的太赫兹天文研究，如最近的 ALMA 和 2009 年发射的 Herschel 太空望远镜项目都正在开展。Herschel 太空望远镜使用超导 SIS(480 GHz~1.250 THz)与 HEB(1.4~1.9 THz 和 2.4~2.7 THz)进行外差接收，具有已接近太赫兹波段探测极限的探测灵敏度和频谱分辨率。在太赫兹元器件和应用研究方面，以麻省理工学院(MIT)、加州理工学院(Caltech)、NASA 下属的喷气推进实验室(JPL)、卢瑟福实验室、德国弗朗霍夫研究所、弗吉尼亚大学、约翰·霍普金斯大学、伦斯勒理工学院、东京大学、日本东北大学以及日本 NTT 等为代表的诸多高校研究所公司都在积极地进行开拓性的研究。

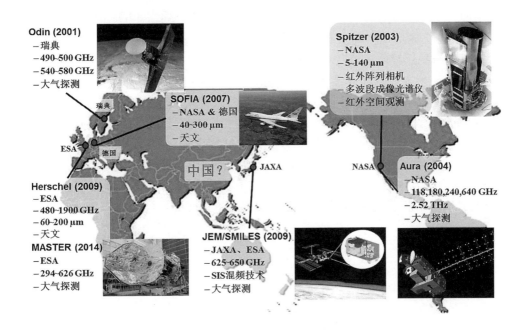

图 1.9　国外部分空间太赫兹探测进展情况

国内太赫兹技术起步虽然较晚,但发展迅速。我国在2005年的香山会议、"十一五"和"十二五"规划中明确提出了发展太赫兹关键技术的战略需求,通过开展诸多的"973"、"863"计划以及国家自然科学基金项目体现了对该技术的高重视程度。自2006年由中国科学院上海技术物理研究所等单位承办的"IRMMW-THz 2006国际会议"以来,国内已经举行多次有关太赫兹的专题会议。

中国科学院物理研究所在国内最早建立起太赫兹时域光谱(THz-TDS)测量系统,近年来开展了太赫兹辐射和凝聚态体系、生物体系的相互作用,太赫兹表面等离子共振现象及测量技术;首都师范大学通过和美国伦斯勒理工学院的合作,在太赫兹时域光谱技术、太赫兹波谱成像、无损探测方面进行了大量研究;中国科学院上海微系统研究所在太赫兹量子级联激光器(THz-QCL)和太赫兹量子阱探测器(THz-QWP)的器件研制和应用方面取得了重要进展,首次在4.3 THz的电磁波频段实现了THz波的无线通信过程;中国科学院微电子研究所成功研制出截止频率高于0.3 THz的THz晶体管,并且基于这些自主研制的电子器件实现了微波W波段(75~110 GHz)雷达收发模块的一系列关键电路;电子科技大学在真空电子器件方面已有相当好的基础,成功研制出大功率的电子回旋管,目前正在进行微型真空电子器件的关键技术研究;天津大学在基于非线性光学原理的可调谐太赫兹光源上进行了大量研究工作;中国工程物理研究院2005年远红外自由电子激光器首次出射,中心波长为115 μm,谱宽为1‰;中国科学院上海应用物理研究所正在进行新一代自由电子激光器"上海光源"的建设;在太赫兹探测方面,中国科学院紫金山天文台在利用超导SIS混频进行太赫兹天文深空探测方面取得了重要进展,在我国首次成功观测到0.5 THz波段的星际分子谱线。南京大学超导研究所在Nb基太赫兹超导电子器件及其物性方面做了大量深入研究。中国科学院上海技术物理研究所太赫兹非线性光学产生源以及在太赫兹探测新机理研究等方面具有重要进展;中科院空间中心在面向空间应用的太赫兹大口径天线的设计、实现及测试方面开展了研究,中国科技大学也开展了太赫兹超导TES探测器技术研究;中国科学院苏州纳米技术与纳米仿生研究所秦华课题组从2009年起开始基于HEMT器件的太赫兹探测研究;东南大学和香港中文大学基于毫米波技术上的研究优势,积极发展太赫兹波段的集成电路和天线的研究。另外还有清华大学、国防科技大学、上海交通大学、深圳大学等单位都展开了太赫兹方面的技术研究[30]。

## 1.5 太赫兹的产生

高功率、室温工作、体积紧凑、波长调谐范围宽的相干太赫兹辐射源一直是20世纪太赫兹领域内科学工作者所追求的目标和迫切需要解决的问题。近20年以来,随着高频电子技术、超快激光技术以及半导体激光器的发展,为人工实现太赫兹波的产生提供了多种方法。当前太赫兹产生方法主要分为两大类:① 基于光学的方法,通过激光技术由短波长向长波长下变频转化来产生,主要包括利用超快激光脉冲产生太赫兹波,$CO_2$ 激光泵浦气体产生太赫兹波,非线性光学差频产生太赫兹波辐射,晶体参量效应产生太赫兹波辐射,以及光学拍频效应产生太赫兹波等;② 基于电子学的方法,通过微波技术由长波长向短波长上变频转化来产生,主要包括传统的 Gunns 管、IMPATT 二极管、太赫兹量子级联激光器(THz QCL)、自由电子激光器、回旋管、返波管、纳米速调管等真空电子器件等。图 1.10 总结了现阶段使用不同方法产生太赫兹波辐射的频率范围及功率情况。

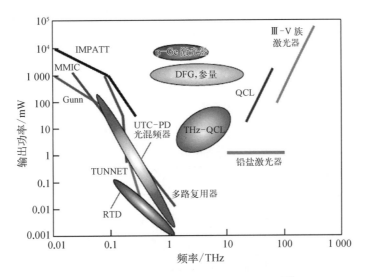

图 1.10 现阶段主要太赫兹源发展情况[31]

### 1.5.1 光学产生方法

最早产生太赫兹辐射的方法是高压汞灯,其光谱分布类似于温度为 4 000 K 的黑体辐射光谱形状,在 0~2 THz 范围内输出功率约为 70 μW[32, 33]。随着激光技术的不断发展,以及晶体生长技术的提高,利用激光技术下转化产生高功率宽波段的太赫兹辐射已被众多科研工作者所采用。目前利用激光技术产生太赫兹辐射的方法主要包括:基于 $CO_2$ 激光器泵浦产生的太赫兹波气体激光器,基于超短激光脉冲效应产生的宽波段太赫兹波辐射,基于半导体光学拍频效应产生的太赫兹波辐射,基于非线性光学差频产生的窄线宽、宽波段、连续可调谐太赫兹波辐射,以及基于参量效应产生的太赫兹波辐射。

1. 太赫兹气体激光器

光泵浦太赫兹气体激光器,利用气体分子固有的振动和转动共振能级,通过使用其他波长的激光器将这些气体分子泵浦到激发态,依靠电子的能级跃迁产生单一频率的太赫兹波辐射。通常使用的泵浦激发源为高功率连续 $CO_2$ 激光器,因为它在 9~11 μm 之间有众多分子谱线(近 100 条),可以通过改变泵浦激发波长以及更换受激发气体种类(如甲烷 $CH_4$[34]、氨气 $NH_3$[35]、氰化氢 HCN、甲醇 $CH_3OH$[36]、$CS_2$[37]等),获得不同频率的太赫兹波辐射。该方法具有输出激光功率高且稳定,但无法实现连续可调谐的太赫兹光。早在 20 世纪 70 年代初,人们利用这种方法获得高达上百毫瓦的太赫兹光辐射,并在 2004 年被 NASA 用于 Aura 卫星 2.5 THz 通道外差探测器本振源进行大气观测[34],具体如图 1.11 所示。图 1.12 为商用的光泵浦气体激光器[38],其频率范围一般为 0.25~7.5 THz,产生的太赫兹波功率在 1.63 THz 和 2.52 THz 处可达到 500 mW。但是这种激光器具有如下缺点:价格昂贵,不易连续调谐,通常需使用大体积的气体腔和数百瓦的功率输入,在大小、重量、效率、可靠性、维护性、运行寿命以及频率稳定性等方面均需要作进一步的改进[39]。

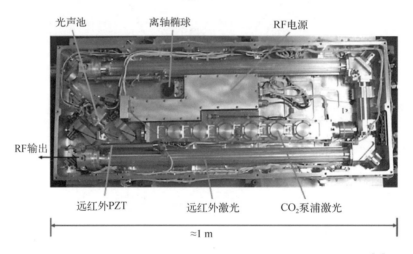

图 1.11 Aura 卫星上使用的 2.5 THz 光泵气体激光器作为本振源[34]

2. 超短激光脉冲产生太赫兹波辐射

基于超短激光脉冲实现了众多的宽波段太赫兹辐射源,现已被广泛用于太赫兹时域光谱系统以及基于该系统的精细光谱成像等领域。在众多的超短激光脉冲效应产生太赫兹波辐射源中,按照其产生机理又可分为以下几种主要类型:光电导效应产生太赫兹波辐射,光整流效应产生太赫兹波辐射,超短激光脉冲在空气中产生太赫兹波辐射。

1) 光电导效应产生太赫兹波辐射

光电导方法是利用超快激光脉冲触发直流偏置下的光电半导体,产生的光生载流子在瞬时电场作用下加速运动而向外辐射太赫兹波,其辐射能量可以通过改

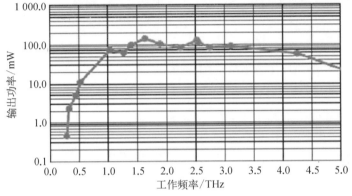

图 1.12　光泵气体太赫兹激光器[38]

变外加直流电场而改变。具体原理如下：在光电导半导体材料表面淀积金属形成偶极天线电极结构，当光子能量大于半导体禁带宽度的超短脉冲激光照射到半导体材料时，半导体材料中将产生电子-空穴对，在外加偏置电场作用下形成载流子的瞬态输运，由于超短激光脉冲时间很短（一般 fs 量级），导致瞬态光电流将随时间变化（被超短激光所调制），从而进行太赫兹波辐射，并通过天线向空间传播。一般而言，常用于制作光电导天线的材料有 GaAs、ZnTe 和 InP 等。这种太赫兹辐射系统主要由半导体光电材料、天线的几何结构、泵浦激光脉冲宽度以及外加电场强度决定。其中半导体光电材料最为关键部件，应具有载流子寿命短、载流子迁移率高以及介质击穿强度大等特点。图 1.13(a)为典型的太赫兹时域光谱仪的光路图，利用此方法可以获得 0.3~20 THz 的超宽带太赫兹辐射[40]，图 1.13(b)为 LT-GaAs 光电导天线的具体结构图。

2) 光整流效应产生太赫兹辐射

不同于光电导效应，太赫兹光整流效应是一种非线性光学效应，它是超短激光脉冲在非线性介质（如 ZnTe，GaAs 等）中产生的新型光整流效应。根据傅里叶变换，超短激光脉冲在光谱频域上可表示为一系列不同波长的单色光线性叠加。当超短激光光束入射晶体发生光整流效应时，相当于这些单色光束将在非线性晶体中经差频相互作用产生一个低频振荡的时变电极化场，该电极化场将在晶体表面辐射

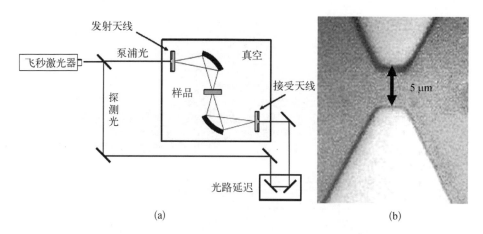

图 1.13　典型的 THz 时域光谱仪系统光路图(a)及光电导天线结构(b)[40]

出宽频的太赫兹波(图 1.14)。其太赫兹光束能量直接来源于激光脉冲的能量,产生的太赫兹光辐射强度与非线性介质极化强度矢量 $P(t)$ 低频部分对时间的二阶偏导数成正比,转换效率主要依赖于材料的非线性系数和相位匹

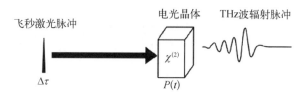

图 1.14　利用光整流效应产生 THz 波辐射

配条件。这种方法与光电导天线相比,优点是输出的辐射带宽,通常可以达到 50 THz,但是由于它将入射光束功率从光频耦合到太赫兹波频段,所以其产生效率较低。

3) 空气产生太赫兹辐射

利用超短强激光脉冲聚焦空气中直接产生太赫兹波辐射的技术,该方法有助于解决太赫兹波在空气中的远程传输等问题,近些年来逐渐引起人们的关注。一般而言,空气产生太赫兹光辐射,可以分为两种情况。一种是利用高能量的超短激光脉冲聚焦在空气中,发生电离现象而产生等离子体,由此形成的有质动力会使离子电荷和电子电荷形成大的密度差,依靠这种电荷分离过程产生的强有力的电磁瞬变现象,从而辐射出太赫兹光,如图 1.15 所示。

另一种是利用三阶非线性光学过程的四波混频效应产生高功率的太赫兹辐射,具体是指利用超短激光脉冲基频 $\omega$ 和它的二次谐波 $2\omega$ 同时在空气中聚焦,在脉冲激光诱导空气等离子体中产生与三阶非线性极化率 $\chi^{(3)}$ 相关的四波混频光整流效应,从而在空气中产生较强的太赫兹辐射[41]。研究发现:当基频光、倍频光和太赫兹波的偏振方向相同时,其太赫兹波辐射效率最大;当总的脉冲能量超过空气等离子体形成阈值时,太赫兹波场的振幅与基频光 $\omega$ 的脉冲能量成正比,与倍频光 $2\omega$ 的脉冲能量的开方成正比[42,43]。

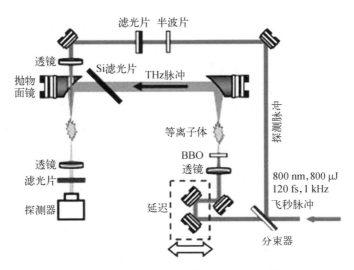

图 1.15　空气等离子体产生 THz 辐射

**3. 非线性光学差频产生太赫兹波**

随着可调谐激光器和红外非线性晶体的进一步发展，利用非线性光学差频手段在非线性光学晶体中产生高功率、宽调谐范围、窄线宽、室温工作的太赫兹辐射提供了条件，引起了人们的关注。太赫兹波光学差频具有波长可调谐范围宽（0.1～5 THz）、单色性好、峰值功率大（瓦量级）、没有阈值限制、实验条件简单，结构紧凑，可室温工作等优点。与前面提到的光整流和光电导方法相比，该方法可以产生较高功率的窄线宽太赫兹波辐射，且不需要价格昂贵的泵浦装置。其技术关键是获取较大的二阶非线性光学系数，并在太赫兹波段内具有较小吸收系数的非线性差频晶体，以及选择满足该晶体相位匹配条件、具有输出功率高、波长接近的两个差频泵浦光源（两波长间隔视其所在波段范围而定，一般在十几纳米左右），从而理论上可获得调谐范围较宽的相干窄带、高功率太赫兹输出。但其存在着转换效率低，太赫兹波差频晶体价格昂贵，大尺寸、高质量晶体生长技术瓶颈难以突破等缺点。在众多的太赫兹非线性光学晶体中，典型的代表为：GaSe[44]、ZnGeP$_2$、GaP、DAST、GaAs[45]等。

早在 20 世纪 60 年代中期，国外就有人利用钕玻璃激光器输出的 1 060 nm 和 1 071 nm 这两束红外激光在 18 mm 石英晶体中非线性差频得到大约 3 THz 的太赫兹光输出，但由于晶体质量以及激光器光束质量等问题，输出效率很低[46]。到了 70 年代，R. L. Aggarwal 等人利用两个单模连续 $CO_2$ 激光器在 GaAs 晶体中实现太赫兹非共线差频产生，其辐射频率范围为 0.3～4.3 THz，线宽小于 100 kHz[47]。而 K. H. Yang 等人用一台双频率输出的染料激光器，在 $LiNbO_3$、ZnO 等晶体中利用共线和非共线相位匹配，均实现了在 0.6～5.7 THz 连续可调远红外辐射，峰值功率达到了 200 mW[48]。2000 年以来，光学差频方法得到了快速发展，不仅常规的各向异性非线性半导体晶体被广泛用于差频产生 THz 辐射研究,GaAs、GaP、ZnTe、CdTe 等各向同性晶体由于其较低的 THz 吸收系数以及较大的晶体相干长度,也被更多的作为非线性差频晶体来研究。加利福尼亚大学洛杉矶分校(UCLA)的 S. Ya. Tochitsky 使用双波长 $CO_2$ 激光器在 GaAs 晶体中差频产生了峰值功率 1.5 W 的 0.882 THz 太赫兹波,后用脉宽更窄的 250 ps 激光脉冲在 0.882 THz 处获得了 2.8 MW 的峰值功率[45]。日本科学家 T. Tanabe 等人利用 Nd:YAG 激光器(输出波长为 1 064 nm)和该激光器三倍频输出所泵浦的 BBO 晶体光学参量振荡器(BBO-OPO)的输出分别作为泵浦源和信号光,在 GaP 晶体中利用非共线差频相位匹配方式,通过改变两入射光的夹角,实现了 0.5～3 THz 的太赫兹波调谐输出(图 1.16 所示),并在 1.3 THz 处达到 480 mW 的峰值功率输出[49]。W. Shi 和 Y. J. Ding 采用类似的泵浦源,利用共线相位匹配配置在 GaP 晶体内进行差频,得到了 0.101～4.22 THz 调谐范围,并在 173 $\mu m$ 得到 15.6 W 的峰值功率输出[50];2010 年,他们对周期性极化 GaP 晶体进行大量太赫兹共线差频实验,其太赫兹波辐射范围为 0.5～4 THz,并在 120.3 $\mu m$ 实现了高达 2.36 kW 的太赫兹峰值辐射功率;2011 年,他们使用脉冲光纤激光器(1.5 $\mu m$)对周期性极化 GaP 晶体进行太赫兹共线差频实验,得到最高平均功率高达 339 $\mu W$ 的太赫兹输出;在 GaSe 晶体太赫兹共线差频实验中,他们获得了 66.5～5 664 $\mu m$ 的宽调谐范围,并在 203 $\mu m$(1.48 THz)处获得 389 W 的峰值功率输出,此时转换效率约为 0.1%,而通过优化设计,使得太赫兹波在 100～250 $\mu m$ 范围内峰值功率都超过 100 W;同时他们利用 $ZnGeP_2$(ZGP)晶体作为差频晶体,则获得了 80.2～1 642 $\mu m$ 的调谐范围,峰值功率在 1.27 THz 时达到 134 W,此时转换效率为 0.048%[51, 52]。

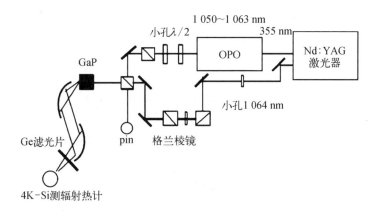

图 1.16 利用 Nd:YAG 激光器和 OPO 在 GaP 晶体中差频产生太赫兹波[52]

4. 参量效应产生太赫兹辐射

差频技术产生太赫兹波虽然有诸多优点,但其转换效率低,且需要两个泵浦光源,还要求其中一个光源波长连续可调,所以结构相对复杂、不易小型化。而基于参量效应产生的太赫兹辐射源,只需一个固定波长的泵浦源及一块价格相对低廉的非线性晶体,并且非线性转换效率相对较高,频率调谐较为简单,结构更为紧凑,因此近十年来备受人们瞩目。

基于 MgO∶LiNbO$_3$ 的太赫兹参量源[53]包括太赫兹参量振荡器(图 1.17)和放大器(TPO,TPG,TPA)。以日本 Kodo Kawase 等人的研究工作为代表,一般使用调 $Q$ Nd∶YAG 1 064 nm 纳秒激光器去泵浦 MgO∶LiNbO$_3$ 晶体,通过太赫兹参量振荡(TPO)技术,可实现其太赫兹频率调谐范围为 0.7~2.4 THz,脉冲能量约为纳焦量级。

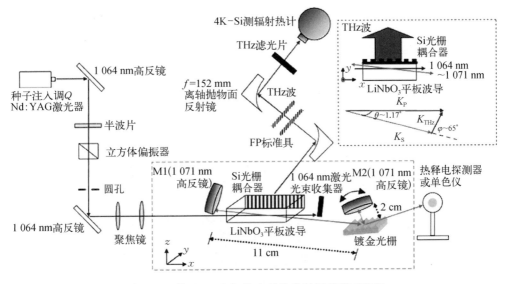

图 1.17　基于 LiNbO$_3$ 的太赫兹参量振荡器(TPO)

**5. 基于光学拍频效应产生太赫兹光辐射(UTC - PD)**

光学拍频产生太赫兹辐射是在一种外差式结构中,两束入射激光光束经拍频作用产生太赫兹辐射。具体工作原理如下:两束频率相近的激光(频率差在太赫兹附近)聚焦在金属电极沉积的半导体材料上,并在电极上施加偏置电压,此时产生频率为太赫兹的光生电流,由于该电流被两束激光拍频信号频率所调制,将产生拍频频率的太赫兹波辐射,如图 1.18 所示[54]。在太赫兹光光学拍频系统中,其核心元件为光学混频器,一般使用低温生长的 GaAs 材料来制作。通过调节泵浦激光器的中心频率可以改变太赫兹辐射频率,利用这种方法产生的太赫兹波频率调谐范围为 0.02~2 THz,功率为微瓦量级。

光学拍频产生的太赫兹波功率与非线性光学差频过程不同,其太赫兹辐射功率主要来源于半导体上所加的偏置电压,泵浦激光主要是对光电流进行调制,由于光电流对调制信号的响应速度缓慢,随着频率升高,光学拍频方法输出功率和转换效率迅速降低,一般只用适用于 1 THz 频率以下。

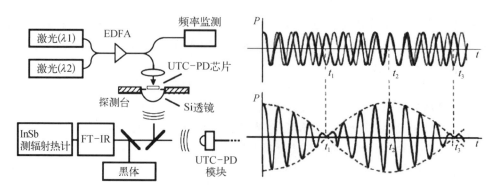

图 1.18　UTC-PD 工作示意图

## 1.5.2　电子学产生方法

**1. 传统固态源**

将毫米波固态源通过倍频作用扩展至太赫兹波段,一直是常用的电子学获得太赫兹波辐射手段,该类电子学器件具有体积小、结构紧凑、可室温工作等特点。通常使用体效应耿氏(Gunns)振荡器和碰撞雪崩渡越时间 IMPATT 二极管振荡器(如图 1.19 所示)作为基频,用变容二极管制作倍频器来进行倍频,工作频率覆盖 0.1~2 THz,但在高频段输出功率较低。

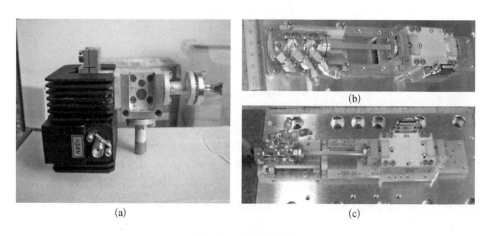

图 1.19　固态电子源

(a) 实验室 150 GHz(8 mW)IMPATT 振荡源;(b) Herschel 中 1 200 GHz 本振(250 μW);(c) Herschel 中 1 900 GHz 本振(10 μW)。

Gunns 振荡器通常用 GaAs 或者 InP 材料制成,利用负阻效应通过外部谐振腔产生稳定振荡输出。通过使用薄膜技术实现了[55]第一个工作在 1 THz 以上的平面肖特基倍增器,在室温下产生 1.2 THz 和 2.7 THz 的太赫兹输出,其功率分别为 80 μW 和 1 μW。IMPATT 振荡器一般由 Si 或 Ge 的砷化物制成,为了得到反向偏置雪崩击穿电流,工作电压相对较高。将振荡器、倍频器级联使用可以获得 100 GHz($>$30 mW)至 1.9 THz(10 μW)的太赫兹波。

2. 太赫兹量子级联激光器

太赫兹量子级联激光器(THz-QCL)具有体积小、能耗低、便于集成等优点,是一种理想的太赫兹波辐射源。THz-QCL 是基于电子在半导体量子阱中导带子带间跃迁和声子辅助共振隧穿原理发展的单极型半导体器件(图 1.20)。不同于传统 p-n 结型半导体激光器电子-空穴复合受激辐射机制,THz-QCL 只有电子参与受激辐射过程,激射波长的选择通过有源区的势阱和势垒的能带裁剪实现。一般使用的材料体系为 GaAs/AlGaAs 和 InGaAs/InAlAs/InP。1997 年,Xu 等人在 GaAs/AlGaAs 多量子阱材料体系中首次实现电致太赫兹波辐射[56]。2002 年,Nature 杂志报道了 Kohler 等人在液氦温度下实现了频率为 4.4 THz 的量子阱级联输出,其脉冲功率为 20 mW[57]。目前,THz-QCL 最大输出功率在连续和脉冲工作模式下分别达到 130 mw 和 250 mW[58],其最高工作温度已经高达 200 K[59]。近几年来,中国科学院上海微系统研究所、半导体研究所和上海技术物理研究所也开展了此方面的研究工作,并取得了一定的成果。然而,目前常用的 THz-QCL 还需要冷却到很低的工作温度,波长调谐范围较窄,并且低频率太赫兹实现较困难。

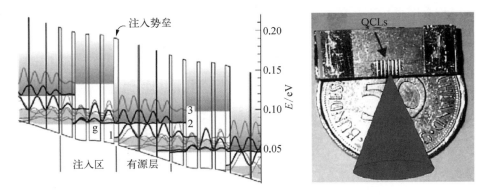

图 1.20　THz-QCL 激光器能级跃迁示意图及实物照片

3. 自由电子激光器

自由电子激光器(Free electron laser,FEL)被视为全能型的激光辐射源,辐射波段覆盖整个 X 射线到远红外太赫兹波段。其产生机理是由粒子加速器提供的高速电子流通过偏转磁铁导入一个扭摆磁场,电子在洛伦兹力作用下加速运动,通过自发辐射产生太赫兹电磁波(图 1.21 所示)。自由电子激光器具有频谱范围宽、峰值功率和平均功率大、相干性好等优点,并且太赫兹波辐射功率要远大于其他太赫兹辐射源。2002 年,Nature 杂志报道了 Jefferson 实验室利用远红外自由电子激光器中的自由电子同步辐射,可以发射平均功率高达 20 W 的太赫兹激光[60],其能量甚至可以点亮火柴。2005 年 4 月 7 日,中国工程物理研究院宣布我国首台基于

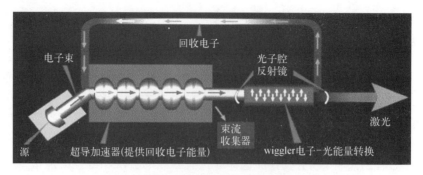

图 1.21　自由电子激光器工作原理示意图

自由电子激光器的太赫兹辐射源建成并出光,其太赫兹中心辐射波长为 115 $\mu$m (2.6 THz),谱宽 1‰。但是这种激光器系统复杂、体积庞大、能耗大、价格昂贵、运行费用高且难以维护,一般仅适用于地面科学研究。

4. 电子返波管

电子返波管(Backward Wave Oscillator,BWO)是一种电子真空二极管,利用高能电子在周期电场中减速过程实现太赫兹波辐射,工作原理如图 1.22 所示,通过改变阴极电压可以实现小范围的太赫兹光波长调谐,其辐射功率可达毫瓦以上。但是这种真空电子管仅适合在低频太赫兹区域工作,当频率高于 1 THz 时,输出功率和工作效率急剧下降,并且该光源使用寿命较短。

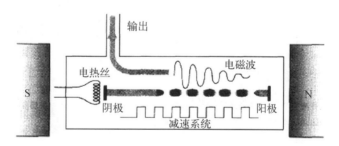

图 1.22　返波管工作原理示意图

## 1.6　太赫兹探测技术

在太赫兹相关研究领域中,太赫兹探测技术也是一项重要内容。它是太赫兹波谱与成像技术以及太赫兹应用于空间遥感等领域的重要基础。现阶段在太赫兹波探测技术方法上,国内外的研究一方面集中在提高已有器件性能水平;另一方面集中在发展基于新原理和新材料的探测器诸如同质结/异质结探测器,量子点探测器,纳米微测辐射热计(bolometer),场效应晶体管探测器,各种天线探测器,碳纳米管器件等[61~63],使得太赫兹探测技术达到了一个新的层次。现有的太赫兹探测器可以划分成两种类别：非相干探测器和相干探测器。

## 1.6.1 直接探测

非相干探测器即直接探测器，包括各种光电探测器和热探测器，其只对信号幅度进行测量，通常测量波段较宽，探测灵敏度极限是背景噪声极限，主要用于中低频谱分辨率宽带探测。室温工作的直接探测器灵敏度适中，如高莱探测器（Golay Cell），热释电探测器（pyroelectric），此类非制冷探测器的等效噪声功率（NEP）典型值为 $10^{-10} \sim 10^{-9}$ W/Hz$^{1/2}$。而低温工作的半导体直接探测器（包括非本征 Ge 光电型探测器[65]，量子阱探测器 QWIP[66]，Si/Ge 基的 bolometer[67] 以及 InSb 热电子型 bolometer[68,69] 等），NEP 可达 $10^{-17} \sim 10^{-13}$ W/Hz$^{1/2}$，响应时间最快的接近 $10^{-8} \sim 10^{-6}$ s。有些探测器设计工作在 100～300 mK 温度下，其 NEP 接近宇宙背景辐射起伏噪声的极限值[70,71]。

1. 光电型探测器

通过光电导效应进行太赫兹波探测的非本征 Ge 基光电导探测器具有极高的灵敏度，其 NEP 值可达 $10^{-17}$ W/Hz$^{1/2}$，是现阶段波长小于 240 μm 波段的最灵敏探测器。探测器的探测范围由所掺杂质和掺杂浓度所决定，通过掺入不同的杂质，如 Sb、Zn、Be、Ga 等，可以使长波探测范围从 1 μm 附近一直到 300 μm。图 1.23 是掺入不同杂质的非本征 Ge 光电导探测器的频谱响应图[72]。Ge∶Zn，Ge∶Be 光电导探测器可探测 30～50 μm 的波段范围；Ge∶Ga 光电导探测器主要用于 40～120 μm 波段信号探测；而沿 Ge∶Ga 晶体的（100）轴施加轴向压力会减小 Ga 受主的结合能，可将探测截止波长提高到约 240 μm，但工作温度小于 2 K[73]。

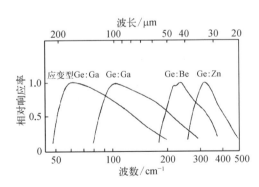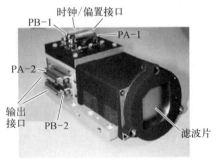

图 1.23　掺杂的非本征 Ge 光电导探测器的频谱响应图和 Spitzer 太空望远镜 70 μm，50～110 μm 探测阵列模块[72]

非本征 Ge 光电导探测器现主要应用在远红外空基、地基的天文实验上，例如 IRAS 任务中用非本征 Ge 探测器来进行 12 μm、25 μm、60 μm、100 μm 空间辐射的全天候观测[74]；ISO 任务中用来探测 3～200 μm 的宇宙背景辐射[75]。在 Spitzer 任务中，以 32×32 的 Ge∶Ga 阵列作为 70 μm 探测器；而以 2×20 的重压 Ge∶Ga

阵列作为 160 μm 波段探测器[76]。

利用半导体异质材料构造而成的量子阱 QWP 探测器,通过子带能级跃迁来实现电磁波的探测,最初用于与碲镉汞材料进行红外探测互补。通过调控量子阱宽度、势垒高度、量子阱中的掺杂浓度、量子阱周期数、势垒宽度等参数可进行太赫兹波段的探测。2005 年已经实现基于 GaAs/AlGaAs 异质结的波长 93 μm 的信号探测,具有响应速度快、响应光谱窄等优点,但量子效率低,工作温度低限制了应用场合。

2. 热探测器

热电探测器基于材料的热效应,当探测材料吸收太赫兹波后,温度升高,其某些物理特性如电阻率、体积、压强、两端电势差、自发极化强度等随着温度的升高而发生变化,通过测量这些物理特性的变化量来获取入射太赫兹波的强度。热探测器具有极宽的探测范围(大多可以覆盖太赫兹全波段)。

热探测器的简洁示意图如图 1.24[64] 所示,其原理可描述为:一个热容为 $C_{th}$ 的吸收元将入射的辐射转变为热,吸收元连接在温度为 $T_S$ 的热沉上,两者之间的热导为 $G_{th}$。当没有辐射入射时,探测器的平均温度近似是个常数。当有功率 $P$ 的辐射入射时,被探测器接收到,吸收元的温度 $T_B$ 开始随时间提高,速率 $dT_B/dt = P/C_{th}$,最后达到极值 $T_B = T_S + P/G_{th}$(热响应时间常数 $T_C = C_{th}/G_{th}$),吸收元的电阻也随着温度的升高而变化;当辐射消失时,吸收元温度快速回到 $T_S$ 并等待下次辐射入射。

经典的半导体热探测器如 Si bolometer,其包含一个用离子注入 Si 薄膜形成的热

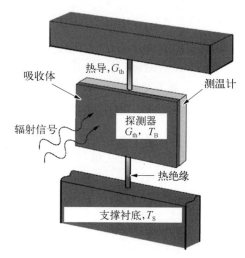

图 1.24　热探测器原理示意图[64]

敏电阻,阻值通常在几兆欧姆,需工作在液氦温度以下,灵敏度非常高,其等效噪声功率 NEP 约 $10^{-13}$ W/Hz$^{1/2}$。现在利用 MEMS 工艺可以实现探测波段在 40～3 000 μm 范围内的几百像素的 Si - bolometer 阵列,在许多设备中已经使用,Herschel 太空望远镜上的 PACS 设备中已使用高达 2 048 像素的 bolometer 阵列。

常用的室温热探测器如高莱探测器,热释电探测器,它们的 NEP 典型值为 $10^{-10}$～$10^{-9}$ W/Hz$^{1/2}$。灵敏度相对 Bolometer 探测器较低但使用起来要方便许多。高莱探测器[77]利用了气体的热胀冷缩效应,其窗口处的吸收层在接收到太赫兹辐射后,将能量传递给紧连着的气体腔,气体受热膨胀,使得贴在气体腔外表的反射镜发生转动,利用激光检测反射镜的角度变化,从而来确定太赫兹能量。热释电探测器通常使用数十微米厚度的 DTGS(氘化硫酸三甘氨酸)晶体作为探测材料,当受到太赫兹波辐射时,引起晶体自发极化强度变化,在垂直于自发极化方向

的晶体两个外表面之间产生微小电压,由此能测量太赫兹波的能量。热释电探测器也常用于中红外波段的宽谱测量,只是将窗口材料聚乙烯改成中红外透过率很高的溴化钾。

随着超导技术的发展,基于超导相变的转变边沿传感器(TES)也用于太赫兹波的探测。其利用超导薄膜在临界温度 $T_c$ 附近,当受到太赫兹波辐射时,在几毫开温度范围内从超导态变成正常态(如图 1.25 所示)[78],从而获得极高的灵敏度,在 300 mK 工作温度时 NEP 可达 $10^{-19}$ W/Hz$^{1/2}$,通过与超导量子干涉器件(SQUID)制作的读出电路集成,已被应用于太赫兹光子记数。通常使用 1 层正常材料和 1 层超导材料来构成超导双层膜。值得一提的是,这种探测器的工作波段非常宽,可以覆盖微波段和 γ 射线之间的频谱范围。

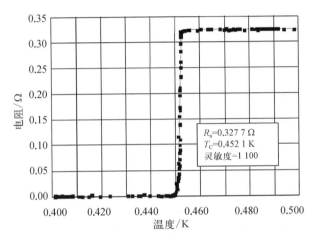

图 1.25　高灵敏度 Mo/Au 双层 TES 的温度阻抗关系图[78]

**3. 光电导天线探测、电光探测**

光电导天线探测器由两根蒸镀在低温生长的 GaAs 衬底上的平行电极组成,与太赫兹光电导天线产生装置结构基本一致,当飞秒激光入射到平行电极之间的 GaAs 上时,会使 GaAs 上产生大量载流子,如果太赫兹波此时也入射到电极表面,则载流子将被驱动在电极上产生一个和与太赫兹波电场强度成正比的光电流,外接电流计测量出电流大小即可测得太赫兹波的功率,如图 1.26 所示。通过空间延时装置将飞秒激光延迟,则外接电流计可测量出与时间相关的光电流大小,通过傅里叶变

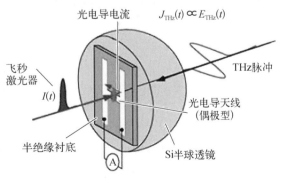

图 1.26　太赫兹光电导天线探测示意图

换得到太赫兹波的功率频谱。

电光探测器基于电光效应，当太赫兹波入射到电光晶体上时会使得晶体的折射率发生各向异性的变化，所以当飞秒激光和太赫兹波同时通过电光晶体时，飞秒激光的偏振态将从线偏振改为椭圆偏振，通过测量飞秒激光的椭偏度来获取太赫兹波的电场强度。同样地也通过空间延时装置将飞秒激光延迟来得到与时间相关的电场强度，然后经傅里叶变化得到太赫兹波功率频谱。

光电导天线探测和电光探测，常与光电导天线产生或者光整流产生方法结合使用在太赫兹时域光谱技术（THz-TDS）中，如图 1.27 所示。

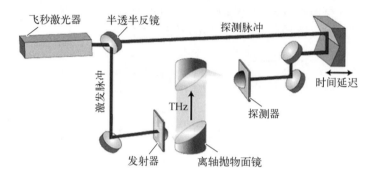

图 1.27　太赫兹时域光谱技术示意图

### 1.6.2　外差探测

相干探测即外差探测，通过将太赫兹信号与本振信号外差混频至较低频率来实现信号探测，可同时获取被探测信号的幅度和相位信息，探测灵敏度极限是基于不确定性原理的量子极限 $h\nu/k_B$，相对于直接探测，外差探测可以获得非常高的频谱分辨率（$\nu/\Delta\nu > 10^6$），主要应用于高频谱分辨率探测。外差式探测的核心是具有非线性 $I$-$V$ 特性的混频器，考虑到混频效率和噪声的因素，现在只有几种器件得到实际应用（肖特基二极管混频器 SBD、超导体-绝缘体-超导体隧道结混频器 SIS、超导体热电子 bolometer、混频器 HEB）。现在的外差技术水平从 1990 年之后发展迅速，以空间探测应用为代表：2004 年发射的 Aura 卫星中采用气体激光器做本振，用肖特基二极管 SBD 做混频器探测 2.5 THz 的大气辐射信号，噪声温度接近 $50h\nu/k_B$；2008 年发射的 Herschel 空间望远镜中使用 SIS 混频器和 HEB 混频器，其噪声温度更是接近 $2h\nu/k_B$ 和 $10h\nu/k_B$。现在报道的三种混频器的噪声温度、工作频段如图 1.28 所示[79]。

1. 肖特基势垒二极管（SBD）

肖特基势垒二极管利用金属和半导体接触形成的肖特基结原理制成，作为电子学传统器件，在太赫兹探测技术中使用非常广泛。既可以用其构造的平方率检波器在室温下对 1 THz 频率以下的太赫兹波进行直接探测，也可以用于室温外差

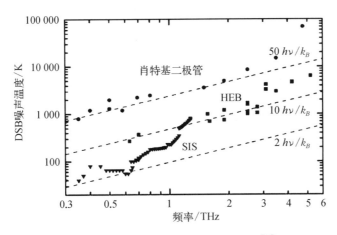

图 1.28 外差探测器双边带噪声温度[79]

接收机中的混频过程。

肖特基势垒结构从最早的触丝型结构到近年来发展的平面结构(如图 1.29 所示)[80,81]，其频率上限与灵敏度都得到了很大提高，对于工作在 600 GHz 的混频器，双频带噪声温度可达到约 1 000 K，但较大的本振功率需求(大于 1 mW)是其发展最大的瓶颈，当需要室温工作且灵敏度要求不高时，肖特基混频器仍然是太赫兹波相干探测的最佳选择。

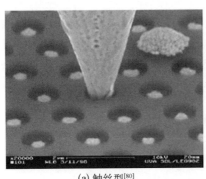
(a) 触丝型[80]

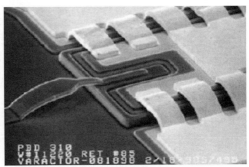
(b) 平面型[81]

图 1.29 肖特基二极管

2. 超导 SIS 探测器

SIS 探测器基于 Josephson 效应，由两层超导体中间夹一层很薄(nm)的绝缘体所组成，具有极佳的非线性 $I$-$V$ 特性，其典型结构如图 1.30 所示[82]，噪声温度接近 10 倍量子极限，转换损耗很小，是频率 0.3~0.7 THz 之间最灵敏且低噪声的探测器，现多使用在探测频率小于 1.2 THz 的探测器上，正向更高频率范围(2.5 THz)和更宽中频带宽(大于 15 GHz)方向发展。

2008 年欧空局发射的 Herschel 卫星上所使用的 SIS 混频器[83]频率覆盖

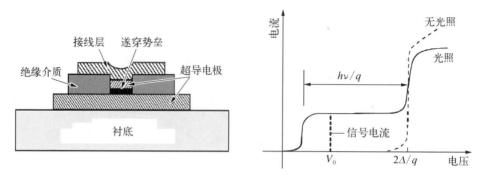

图 1.30　SIS 结典型截面与 $I$-$V$ 特性[82]

480 GHz 至 1 250 GHz,噪声温度优于 $3h\nu/k_B$,中频带宽 4 GHz,频率分辨率优于 1 MHz。2009 年发射的日本 JEM/SMILES 探测器上也使用了 SIS 混频器进行 624～650 GHz 波段的微量气体探测[84]。Nb 基的 SIS 直接光子型 THz 探测器可达 $NEP = 1.9 \times 10^{-16}$ W/Hz$^{1/2}$($f = 0.665$ THz,$T = 300$ mK)。

3. 超导热电子 bolometer(HEB)

超导热电子 bolometer 通过超导体中电子对入射功率的直接吸收来获得高速响应,在单个电子吸收光子后,将接收到的能量 $h\nu$ 迅速与其他的电子共享,使得电子温度轻微提高,其与普通 bolometer 的主要不同点是响应速度,整个时间常数为几十皮秒。

通常用 NbN,NbTiN 或者 Nb 在绝缘衬底上构造超导微桥来实现[85],其混频所需本振功率受热容决定,可通过使用体积非常小($10^{-2}$ m³)的超导薄膜来最小化本振功率,所需的本振功率典型值为 10～50 nW,相对于 SIS 混频器要低 1 个数量级,相对于 SBD 混频器要低很多。噪声温度接近 10 倍量子极限,主要用于频率大

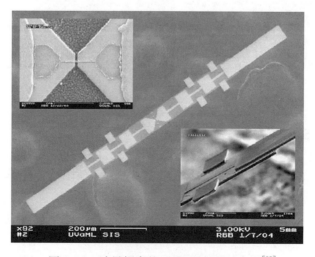

图 1.31　波导耦合的 HEB 混频器示意图[85]

于 1.2 THz 的探测器上,并向焦平面阵列探测器方向发展。Herschel 卫星上使用的 HEB 混频器频率覆盖 1 410~1 910 GHz,噪声温度优于 700 K。

太赫兹超导探测器技术有很多优势:高灵敏度,可平面工艺制造,适合大规模阵列多元像素技术发展,但在探测灵敏度、大规模阵列(像元数)、频率上限、瞬时带宽、系统集成度等几个方面仍有待突破。在太赫兹高频段,灵敏度距离量子极限仍有较大改善空间,受太赫兹波段本振源功率以及复杂的制造技术所制约,探测器阵列像元数大都仍在 1 000 以内。

## 1.7 太赫兹产生和探测方法比较

1.5 节和 1.6 节总结了几种现阶段常见太赫兹波产生和探测方法的特性参数,如表 1.1 和表 1.2 所示。纵观 20 多年来太赫兹科学技术的快速研究发展,太赫兹波的产生与探测技术将会向能量更高、工作频率更宽、探测更灵敏、室温工作条件和小型化集成化等方向不断深入提高。另外不同的太赫兹技术应用场合对太赫兹波的产生与探测能力有不同的需求,比如,在对频谱分辨率有很高要求时,一般使用外差方式或者干涉仪方法(地面)来获得高的频谱分辨率;在被动探测极微弱太赫兹信号如天文深空宇宙背景辐射等探测时,一般使用低温工作的高灵敏超导型探测器或者非本征 Ge 光电型探测器;而在需要进行太赫兹超宽带谱扫描时,光电导天线产生与光电导天线探测的组合方法比较适合;而在通信、安检和常规实验室科学研究等方面,要求太赫兹波产生和探测方法最好能工作在室温条件。

表 1.1 现阶段太赫兹波产生方法的特性比较

| 太赫兹产生 | 工作模式 | 工作频段 | 平均功率 | 峰值功率 | 谱线特性 | 工作温度 |
| --- | --- | --- | --- | --- | --- | --- |
| 光电导 | 脉冲 | <10 THz | μW | W | 宽带 | 室温 |
| 光整流 | 脉冲 | <30 THz | μW | W | 宽带 | 室温 |
| 光泵气体激光器 | 连续 | 0.25~7.5 THz | mW~W | — | 窄带 | 室温 |
| 非线性光学差频 | 脉冲 | 0.1~6 THz | μW | >1 W | 窄带 | 室温 |
| 非线性参量 | 脉冲 | 0.5~4 THz | μW | mW | 窄带 | 室温 |
| 光学拍频 | 连续 | <1 THz | μW~mW | — | 窄带 | 室温 |
| 固态电子器件 | 连续 | <1.9 THz | μW~mW | — | 窄带 | 室温 |
| 太赫兹 QCL | 连续/脉冲 | 1.2~5 THz | mW | — | 窄带 | 低温 |
| 自由电子激光器 | 脉冲 | 全 THz 波段 | >1 kW | MW | 窄带 | 室温 |
| 回旋管 | 连续/脉冲 | <1 THz | 1~10 kW | 10~100 kW | 窄带 | 室温 |
| 返波管 | 连续 | <1.4 THz | mW~W | — | 窄带 | 室温 |
| 速调管 | 连续/脉冲 | 0.5~3 THz | mW~W | W | 窄带 | 室温 |

**表 1.2　现阶段太赫兹波探测方法的特性比较**

| 太赫兹探测 | 探测波段 | 等效噪声功率 | 响应速度 | 工作温度 |
|---|---|---|---|---|
| Golay Cell | 全 THz 波段 | $10^{-10}$ W/Hz$^{1/2}$ | >10 ms | 室温 |
| 热释电探测器 | 全 THz 波段 | $10^{-9}$ W/Hz$^{1/2}$ | >10 ms | 室温 |
| 非本征 Ge 光电型 | $\lambda < 240\ \mu m$ | $10^{-17}$ W/Hz$^{1/2}$ | $\mu s$ | <2 K |
| 量子阱 QW 探测器 | $\lambda < 100\ \mu m$ | $10^{-13}$ W/Hz$^{1/2}$ | $\mu s$ | <77 K |
| Si/Ge bolometer | 全 THz 波段 | $<10^{-13}$ W/Hz$^{1/2}$ | ms | <4.2 K |
| InSb 热电子 bolometer | $f < 1.5$ THz | $10^{-13}$ W/Hz$^{1/2}$ | $\mu s$ | <4.2 K |
| TES bolometer | 全 THz 波段 | $10^{-19}$ W/Hz$^{1/2}$ | ms | <4.2 K |
| 光电导天线 | $f < 4$ THz | $10^{-15}$ W/Hz | ps | 室温 |
| 电光探测 | 全 THz 波段 | $10^{-15}$ W/Hz | ps | 室温 |
| 肖特基二极管外差探测 | $f < 2.5$ THz | $50h\nu/k_B$ | ns | 室温 |
| 超导 SIS 外差探测 | $f < 1.2$ THz | $2h\nu/k_B$ | ns | <4.2 K |
| 超导 HEB 外差探测 | $f > 1.2$ THz | $10h\nu/k_B$ | ps | <4.2 K |

注：1. 外差探测其等效噪声功率用噪声温度来衡量；2. 光电导天线和电光探测需要与超快太赫兹波产生方法连用；3. 肖特基二极管外差探测所需本振功率>1 mW，超导 SIS 外差探测所需本振功率 $\mu$W 量级，超导 HEB 外差探测所需本振功率 nW 量级。

# 参 考 文 献

[1] Sirtori C. Applied physics-Bridge for the terahertz gap. Nature, 2002, 417(6885): 132-133.

[2] Review Technology. http://www.technologyreview.com.

[3] Lettington A H, BlanksonI M, Attia M F, et al. Review of imaging architecture. Proceedings of the International Society for Optical Engineering, 2002, 4719: 327-340.

[4] BCC research. http://www.bccresearch.com/report/IAS029B.html.

[5] Gartner http://www.techonlineindia.com/article/11-08-10/Gartner_expands_technology_hype_curve_in_2011.

[6] Siegel P H. Terahertz technology. IEEE Transactions on Microwave Theory and Techniques, 2002, 50(3): 910-928.

[7] Phillips T G, Keene J. Submillimeter astonomy. Proceedings of IEEE, 1992, 80: 1662-1678.

[8] Mullaney J R, Pannella M, Daddi E, et al. GOODS-Herschel: the far-infrared view of star formation in active galactic nucleus host galaxies since z~3. Monthly Notices of the Royal Astronomical Society, 2012, 419(1): 95-115.

[9] Hirata A, Kosugi T, TakahashiH, et al.. 120-GHz-band millimeter-wave photonic wireless link for 10-Gb/s data transmission. IEEE Transactions on Microwave Theory and Techniques, 2006, 54(5): 1937-1944.

[10] Goyette T M, Dickinson J C, Waldman J, et al.. A 1.56 THz compact radar range for W-band imagery of scale-model tactical targets. Proceedings of the International Society for Optical Engineering, 2000, 4053: 615-622.

[11] Copper K B, Dengler R J, Llombart N, et al.. THz imaging radar for standoff personnel screening. IEEE Transactions on Terahertz Science and Technology, 2011: 169 - 182.
[12] Carr G L, Martin M C, McKinney W R, et al.. High-power terahertz radiation from relativistic electrons. Nature, 2002,420(6912): 153 - 156.
[13] Choi M, Lee S H, Kim Y, et. al.. A terahertz metamaterial with unnaturally high refractive index. Nature, 2011,470(7334): 369 - 373.
[14] ColeB E, Williams J B, King B T, et al. Coherent manipulation of semiconductor quantum bits with terahertz radiation. Nature, 2001,410(6824): 60 - 63.
[15] Gaal P, Kuehn W, Reimann K, et al. Internal motions of a quasiparticle governing its ultrafast nonlinear response. Nature, 2007,450(7173): 1210 - 1213.
[16] Grigera T S, Martin-Mayor V, Parisi G, et al. Phonon interpretation of the 'boson peak' in supercooled liquids. Nature, 2003,422(6929): 289 - 292.
[17] Grigorenko A N, Geim A K, GleesonH F, et al. Nanofabricated media with negative permeability at visible frequencies. Nature, 2005,438(7066): 335 - 338.
[18] Kaindl R A, Carnahan M A, HageleD, et al. Ultrafast terahertz probes of transient conducting and insulating phases in an electron-hole gas. Nature, 2003,423(6941): 734 - 738.
[19] Kohler R, Tredicucci A, Beltram F, et al. Terahertz semiconductor-heterostructure laser. Nature, 2002,417(6885): 156 - 159.
[20] MatsuiT, Agrawal A, Nahata A, et al. Transmission resonances through aperiodic arrays of subwavelength apertures. Nature, 2007,446(7135): 517 - 521.
[21] Mittleman D. Device physics-A terahertz modulator. Nature, 2006,444(7119): 560 - 561.
[22] Sherwin M. Applied physics-Terahertz power. Nature, 2002,420(6912): 131.
[23] Wang K L, Mittleman D M. Metal wires for terahertz wave guiding. Nature, 2004,432(7015): 376 - 379.
[24] Zandonella C. Terahertz imaging: T-ray specs. Nature, 2003,424(6950): 721 - 722.
[25] Kleiner R. Filling the terahertz gap. Science, 2007,318(5854): 1254 - 1255.
[26] Lee M, Wanke M C. Searching for a solid-state terahertz technology. Science, 2007,316(5821): 64 - 65.
[27] Negrello M, Hopwood R, De Zotti G, et al. The detection of a population of submillimeter-bright, strongly lensed galaxies. Science, 2010,330(6005): 800 - 804.
[28] Ozyuzer L, Koshelev A E, Kurter C, et al. Emission of coherent THz radiation from superconductors. Science, 2007,318(5854): 1291 - 1293.
[29] Walther C, Scalari G, Amanti M I, et al. Microcavity laser oscillating in a circuit-based resonator. Science, 2010,327(5972): 1495 - 1497.
[30] 刘盛纲. 太赫兹科学技术的新发展. 中国基础科学·科学前沿,2006,(1): 7 - 12.
[31] Tonouchi M. Cutting-edge terahertz technology. Nature Photonics, 2007,1(2): 97 - 105.
[32] Shikata J, Kawase K, Ito H. The generation and linewidth control of terahertz waves by parametric processes. Elec Comm in Japan Part 2,2003,86(5): 52 - 63.
[33] Rubens H, Baeyer O V. On extremely long waves emitted by the quartz mercury lamp. Philosophical Magazine, 1911,21(125): 689 - 695.

[34] Mueller E R, Henschke R, Robotham W E, et al. Terahertz local oscillator for the microwave limb sounder on the aura satellite. Applied Optics, 2007, 46(22): 4907 - 4915.

[35] Qin J Y, Luo X Z, Huang X, et al. Experimental study of pulsed optically pumped superradiant and cavity NH3 far-infrared laser. International Journal of Infrared and Millimeter Waves, 1999, 20(8): 1525 - 1531.

[36] De Michele A, Carelli G, Moretti A, et al. $^{12}CH_3OH$ and $^{13}CH_3OH$ optically pumped by the 10P and 10HP bands of a pulsed $CO_2$ laser: New far-infrared laser emissions and assignments. Applied Physics B-Lasers and Optics, 2006, 83(4): 495 - 497.

[37] Gorobets V A, Kuntsevich B F, Petukhov V O. Powerful terahertz $CS_2$ laser with optical pumping. CAOL 2005: Proceedings of the 2nd International Conference on Advanced Optoelectronics and Lasers, 2005, 1: 123 - 125.

[38] Edinburgh Instruments. http://www.edinst.com/fir.htm.

[39] Gregory S H. Far infrared spectra of nonlinear optical crystals. Proceedings of the International Society for Optical Engineering, 1994, 2379: 291 - 297.

[40] Shen Y C, Upadhya P C, Lin E H, et al. Ultrabroadband terahertz radiation from low-temperature-grown GaAs photoconductive emitters. Applied Physics Letters, 2003, 83(15): 3117 - 3119.

[41] Cook D J, Hochstrasser R M. Intense terahertz pulses by four-wave rectification in air. Optics Letters, 2000, 25(16): 1210 - 1212.

[42] Kress M, Loffler T, Eden S. Terahertz-pulse generation by photoionization of air of both fundamental and second-harmonic waves. Optics Letters, 2004, 29(10): 1120 - 1122.

[43] Xie X, Dai J, Zhang X C. Coherent control of THz wave generation in ambient air. Physics Review Letters, 2006, 96(7): 075005.

[44] Shi W, Ding Y J. A monochromatic and high-power terahertz source tunable in the ranges of 2.7 - 38.4 and 58.2 - 3540 $\mu$m for variety of potential applications. Applied Physics Letters, 2004, 84(10): 1635 - 1637.

[45] Tochitsky S Y, Ralph J E, Sung C, et al. Generation of megawatt-power terahertz pulses by noncollinear difference-frequency mixing in GaAs. Journal of Applied Physics, 2005, 98(2): 026101.

[46] Zernike F J, Berman P R. Generation of far infrared as a difference frequency. Physics Review Letters, 1965, 15(26): 999 - 1002.

[47] Aggarwal R L, Lax B, Fetterman H R, et al. CW generation of tunable narrow-band far-infrared radiation. Journal of Applied Physics, 1974, 45(9): 3972 - 3974.

[48] Yang K H, Morris J R, Richards P L, et al. Phase-matched far-infrared generation by optical mixing of dye laser beams. Applied Physics Letters, 1973, 23(12): 669 - 671.

[49] Tanabe T, Suto K, Nishizawa J, et al. Frequence-tunable high-power terahertz wave generation from GaP. Journal of applied physics, 2003, 93(8): 4610 - 4615.

[50] Shi W, Ding Y J. Tunable terahertz waves generated by mixing two copropagating infrared beams in GaP. Optics Letters, 2005, 30(9): 1030 - 1032.

[51] Shi W, Ding Y J. Efficient, tunable, and coherent 0.18 - 5.27 - THz source based on GaSe

crystal. Optics Letters, 2002,27(16): 1454-1456.

[52] Shi W, Ding Y J. Continuously tunable and coherent terahertz radiation by means of phasematched difference-frequency generation in zinc germanium phosphide. Applied Physics Letters, 2003,83(5): 848-850.

[53] Wang T D, Lin Y Y, Chen S Y, et al. Low-threshold, narrow-line THz-wave parametric oscillator with an intra-cavity grazing-incidence grating. Optics Express, 2008,16(17): 12571-12576.

[54] Kazim M I, Jepsen P U, Krozer V. Design of THz antennas for a continuous-wave interdigitated electrode photomixer. 2009 Proceedings of the 3rd European Conference on Antennas and Propagation, 2009: 1640-1644.

[55] Maestrini A, Bruston J, Pukala D, et al. Performance of a 1.2 THz frequency tripler using a GaAs frameless membrane monolithic circuit. 2001 IEEE MTT-S International Microwave Symposium Digest, 2001,3: 1657-1660.

[56] Xu B, Hu Q, Melloch M R. Electrically pumped tunable terahertz emitter based onintersubband transition. Applied Physics Letters, 1997,71(4): 440-442.

[57] Kohler R, Tredicucci A, Beltram F, et al. Terahertz semiconductor heterostructure laser. Nature, 2002,417(6885): 156-159.

[58] Williams B S, Kumar S, Hu Q, et al. High-power terahertz quantum-cascade lasers. Electronics Letters, 2006,42(2): 89-91.

[59] Fathololoumi S, Dupont E, Chan C W, et al. Terahertz quantum cascade lasers operating up to 200K with optimized oscillator strength and improved injection tunneling. Optics Express, 2012,20(4): 3866-3876.

[60] Carr G L, Martin M C, Mckinney W R, et al. High-power terahertz radiation from relativistic electrons. Nature, 2002,420(6912): 153-156.

[61] Wei J, Olaya D, Karasik B S, et al. Ultrasensitive hot-electron nanobolometers for terahertz astrophysics. Nature Nanotechnology, 2008,3(8): 496-500.

[62] Vicarelli L, Vitiello M S, Coquillat D, et al. Graphene field-effect transistors as room-temperature terahertz detectors. Nature Materials, 2012,11: 865-871.

[63] Cai X, Sushkov A B, Suess R J, et al. Senstive room-temperature terahertz detection via the photothermoelectric effect in graphene. Nature Nanotechnology, 2014,9: 814-819.

[64] Sizov F F. THz radiation sensors. Opto-Electronics Review, 2010,18(1): 10-36.

[65] Huffman J E. Infrared Detectors for 2- to -$\mu$m Astronomy. Infrared Detectors: State of the Art II, 1994,2274: 157-169,226.

[66] Liu H C, Luo H, Song C Y, et al. Terahertz quantum well photodetectors. IEEE Journal of Selected Topics in Quantum Electronics, 2008,14(2): 374-377.

[67] Nakagawa Y, Yoshinag H. Characteristics of High-Sensitivity Ge Bolometer. Japanese Journal of Applied Physics, 1970,9(1): 125-131.

[68] Kinch M A, Rollin B V. Detection of millimetre and sub-millimetre wave radiation by free carrier absorption in a semiconductor. British Journal of Applied Physics, 1963, 14(10): 672.

[69] Padman R, White G J, Barker R, et al. A Dual-Polarization InSb Receiver for 461/492 GHz. International Journal of Infrared and Millimeter Waves, 1992,13(10): 1487-1513.

[70] Kenyon M, Day P K, Bradford C M, et al. Electrical properties of background-limited membrane-isolation transition-edge sensing bolometers for Far-IR/Submillimeter direct-detection spectroscopy. Journal of Low Temperature Physics, 2008,151(1-2): 112-118.

[71] Karasik B S, Olaya D, Wei J, et al. Record-low NEP in hot-electron titanium nanobolometers. IEEE Transactions on Applied Superconductivity, 2007,17(2): 293-297.

[72] Leotin J, Meny C. Far infrared photoconductors. Proceedings of the International Society for Optical Engineering, 1990,1341: 193-201.

[73] Haller E E, Hueschen M R, Richards P L. Ge-Ga Photoconductors in low infrared backgrounds. Applied Physics Letters, 1979,34(8): 495-497.

[74] Neugebauer G, Habing H J, Vanduinen R, et al. The infrared astronomical satellite (IRAS) mission. Astrophysical Journal, 1984,278: L1-L6.

[75] Wolf J, Gabriel C, Grozinger U, et al. Calibration facility and preflight characterization of the photometer in the infrared space-observatory. Optical Engineering, 1994, 33 (1): 26-36.

[76] Young E T, Davis J T, Thompson C L, et al. Far-infrared imaging array for SIRTF. Proceedings of the International Society for Optical Engineering,1998,3354: 57-65.

[77] Tydex. Russia. http://www.tydex.ru/.

[78] Hilton G C, Martinis J M, Irwin K D, et al. Microfabricated transition-edge x-ray detectors. IEEE Transactions on Applied Superconductivity, 2001,11(1): 739-742.

[79] Sizov F, Rogalski A. THz detectors. Progress in Quantum Electronics, 2010, 34 (5): 278-347.

[80] Crowe T W, Bishop W L, Porterfield D W, et al. Opening the Terahertz window with integrated diode circuits. IEEE Journal of Solid-State Circuits, 2005,40(10): 2104-2110.

[81] Cooper K B, Dengler R J, Chattopadhyay G, et al. Submillimeter-wave active radar imager. 2007 Joint 32nd International Conference on Infrared and Millimeter Waves and 15th International Conference on Terahertz Electronics, 2007: 922-923.

[82] Endo A, Noguchi T, Matsunaga T, et al. Development of Nb/Al-AlNx/Nb SIS tunnel junctions for submillimeter-wave mixers. IEEE Transactions on Applied Superconductivity, 2007,17(2): 367-370.

[83] De Graauw T, Caux E, Gusten R, et al. The Herschel-Heterodyne instrument for the far-infrared (HIFI). Conference Digest of the 2004 Joint 29th International Conference on Infrared and Millimeter Waves and 12th International Conference on Terahertz Electronics, 2004: 579-580.

[84] Inatani J, Ozeki H, Satoh R, et al. Submillimeter limb-emission sounder JEM/SMILES aboard the Space Station. Proceedings of the International Society for Optical Engineering, 2000,4152: 243-254.

[85] Zmuidzinas J, Richards P L. Superconducting detectors and mixers for millimeter and submillimeter astrophysics. Proceedings of the IEEE, 2004,92(10): 1597-1616.

# 第 2 章

# 非线性光学差频及参量产生理论

1961 年,Franken 在石英晶体中观察到宝石激光器发出的激光产生二次倍频现象[1],这标志着非线性光学的诞生。紧接着,Giordmaine 和 Maker 等人提出在各向异性非线性晶体中进行相位匹配的方法,从而大大提高了二次谐波的转换效率[2,3]。随着激光技术的不断发展以及晶体生长质量的提高,大量的非线性光学效应(如二次谐波、和频、差频、光学整流、电光效应以及参量效应等)均被人们所熟知。非线性光学的研究和应用得到了快速的发展,现已成为一门非常成熟的学科分支。

利用非线性光学差频技术产生一系列高功率、波长连续可调谐的相干单色激光辐射,极大地拓展了基于原子能级跃迁产生激光辐射的波长范围,目前基于该方法已经可以实现从亚毫米波到紫外 X 射线等不同波段的激光辐射。在诸多太赫兹波产生方法中,非线性光学差频产生太赫兹波具有明显的优势:频率调谐范围宽、峰值功率高、光路相对简单、可室温工作等,受到国内外科研工作者的广泛关注,其代表性晶体为 $GaSe^{[4\sim7]}$、$ZnGeP_2^{[8]}$、$GaP^{[9\sim10]}$、$GaAs^{[11]}$、$DAST^{[12]}$ 等。

本章将从麦克斯韦方程出发,由极化波动方程推导非线性光学差频的耦合波方程,得到常见的太赫兹差频产生功率理论表达式及 Manley-Rowe 关系式,介绍太赫兹差频过程中的双折射相位匹配、准相位匹配、非共线相位匹配以及各向同性晶体共线相位匹配这四种方法,最后对太赫兹参量产生的理论机制——受激电磁耦子散射给出简单的理论推导过程,给出其太赫兹参量增益因子表达式,为下面章节掺镁铌酸锂晶体太赫兹参量产生实验及非线性光学太赫兹差频产生实验提供理论基础。

## 2.1 非线性差频的三波耦合方程

当激光经过介电材料时,在激光的强电场 $\vec{E}$ 作用下材料中的电荷会发生瞬时运动,这时物质内部的电荷位置结构将发生变化,由原来的对称状态变为非对称状态,形成电偶极子,导致电极化现象。在强电场情况下,该宏观极化强度矢量$\vec{P}$(单位体积内的电偶极矩)由线性极化和非线性极化组成,具体表示形式如下

$$\vec{P} = \varepsilon_0[\chi^{(1)} \cdot \vec{E} + \chi^{(2)} : \vec{E}\vec{E} + \chi^{(3)} \vdots \vec{E}\vec{E}\vec{E} + \cdots] \equiv \vec{P}^{(1)} + \vec{P}^{(2)} + \cdots = \vec{P}^L + \vec{P}^{NL} \tag{2.1}$$

其中,$\vec{P}^L = \vec{P}^{(1)} = \varepsilon_0 \chi^{(1)} \vec{E}$ 是一阶线性极化强度,线性极化率 $\chi^{(1)} = n^2 - 1$ 是二阶张量,$n$ 是介质的折射率,$\varepsilon_0$ 是真空介电常数;

$$\vec{P}^{NL} = \vec{P}^{(2)} + \vec{P}^{(3)} + \cdots = \varepsilon_0(\chi^{(2)} : \vec{E}\vec{E} + \chi^{(3)} \vdots \vec{E}\vec{E}\vec{E} + \cdots)$$

是非线性极化强度,$\chi^{(2)}$ 是二阶极化率,为三阶张量,$\chi^{(3)}$ 是三阶极化率,为四阶张量……根据晶体点群可知,具有中心对称分布的晶体结构,其偶阶极化率为零。因此,二阶非线性光学现象只在非中心对称的晶体结构中才会出现。对于大多数固体材料,$\chi^{(n+1)}$ 比 $\chi^{(n)}$ 一般要低 12 个数量级,因此三阶非线性作用相比较二阶相互作用通常又可忽略。

### 2.1.1 介质中的非线性波动方程

根据光在介质中传播的 Maxwell 微分方程组

$$\nabla \times \vec{E} = -\frac{\partial \vec{B}}{\partial t} \tag{2.2}$$

$$\nabla \times \vec{H} = \frac{\partial \vec{D}}{\partial t} + \vec{J} \tag{2.3}$$

$$\nabla \cdot \vec{D} = \rho \tag{2.4}$$

$$\nabla \cdot \vec{B} = 0 \tag{2.5}$$

以及介质的物质方程

$$\vec{D} = \varepsilon_0 \vec{E} + \vec{P} \tag{2.6}$$

$$\vec{B} = \mu_0(\vec{H} + \vec{M}) \tag{2.7}$$

$$\vec{J} = \sigma \vec{E} \tag{2.8}$$

在均匀非磁性的介质中,没有自由电荷的情况下,从式(2.2)~(2.8)可推导出介质中的非线性波动方程

$$\nabla^2 \vec{E} = \mu_0 \sigma \frac{\partial \vec{E}}{\partial t} + \mu_0 \varepsilon_0 \frac{\partial^2 \vec{E}}{\partial t^2} + \mu_0 \frac{\partial^2 \vec{P}}{\partial t^2} \tag{2.9}$$

式中 $\vec{P}$ 为极化强度，$\vec{P} = \vec{P}_L + \vec{P}_{NL}$。若介质不导电，$\sigma = 0$，则式(2.9)可简化为

$$\nabla^2 \vec{E} = \mu_0 \varepsilon_0 \frac{\partial^2 \vec{E}}{\partial t^2} + \mu_0 \frac{\partial^2 \vec{P}_{NL}}{\partial t^2} \tag{2.10}$$

或

$$\nabla^2 \vec{E} - \mu_0 \varepsilon_0 \varepsilon_r \frac{\partial^2 \vec{E}}{\partial t^2} = \mu_0 \frac{\partial^2 \vec{P}^{NL}}{\partial t^2} \tag{2.11}$$

其中 $\varepsilon_r = 1 + \chi^{(1)} = n^2$ 为相对介电常数张量。

当光电场 $\vec{E}$ 较弱时，$P^{NL} = \varepsilon_0 \sum_{m=2}^{\infty} \chi^{(m)} E^m(t) \to 0$，式(2.11)变成

$$\nabla^2 \vec{E} - \mu_0 \varepsilon_0 \varepsilon_r \frac{\partial^2 \vec{E}}{\partial t^2} = 0 \tag{2.12}$$

这是光在线性介质中的波动方程，各种频率的光波在介质中满足独立传播条件，彼此之间不进行相互作用。

当光电场 $\vec{E}$ 很强时，$P^{NL} \neq 0$，各种频率的光波在介质中相互发生耦合作用，彼此之间进行能量交换，从而产生各种非线性光学效应。式(2.11)等号右边项相当于一个有源项，衡量这些非线性光学效应的强度。

### 2.1.2 太赫兹差频辐射的耦合波方程

在平面波近似下，设参与光学差频相互作用的三个单色光波频率为 $\omega_1$、$\omega_2$、$\omega_3$ （不妨认为 $\omega_1 > \omega_2 > \omega_3$）。若简单考虑，认为它们沿 $z$ 轴方向传播（如图 2.1 所示），则有 $\frac{\partial^2 \vec{E}}{\partial x^2} = \frac{\partial^2 \vec{E}}{\partial y^2} = 0$。

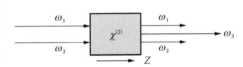

图 2.1 非线性光学混频原理示意图

在非线性光学差频相互作用过程中，三束光必须满足基本的光子能量守恒条件，即

$$\omega_3 = \omega_1 - \omega_2。$$

对于这三束单色平面波，电场矢量表示为

$$\vec{E}_1(z, t) = E_1(z)\cos(\omega_1 t - k_1 z) \tag{2.13a}$$

$$\vec{E}_2(z, t) = E_2(z)\cos(\omega_2 t - k_2 z) \tag{2.13b}$$

$$\vec{E}_3(z, t) = E_3(z)\cos(\omega_3 t - k_3 z) \tag{2.13c}$$

其中 $k_i$、$E_i(z)$ ($i = 1, 2, 3$) 分别是三束光波对应的波矢和振幅，则介质受到总的电场矢量为

$$\vec{E}(z, t) = \vec{E}_1(z, t) + \vec{E}_2(z, t) + \vec{E}_3(z, t) \tag{2.14}$$

介质中二阶非线性极化强度表示为

$$\vec{P}^{NL}(z, t) = \varepsilon_0 \chi^{(2)} : \vec{E}^2(z, t) \tag{2.15}$$

将式(2.15)展开后得到差频波 $\vec{E}_3$ 所受到的极化强度

$$\vec{P}_3^{NL}(\omega_3 = \omega_1 - \omega_2, z, t) = \varepsilon_0 \chi^{(2)} : E_1(z) \cdot E_2(z) \cos[\omega_3 t - (k_1 - k_2)z] \tag{2.16}$$

将式(2.16)和(2.13c)代入式(2.11),如果介质对$\omega_1$、$\omega_2$、$\omega_3$三波都是无损耗的,即$\omega_1$、$\omega_2$、$\omega_3$远离共振区,则最终可以得到 $\vec{E}_3$ 的一阶微分形式,即

$$\frac{\partial E_3(z)}{\partial z} = -\frac{\mu_0 c \omega_3}{2n_3} \varepsilon_0 \chi^{(2)} E_1(z) E_2(z) \frac{\cos[\omega_3 t - (k_1 - k_2)z]}{\sin(\omega_3 t - k_3 z)} \tag{2.17}$$

若电场使用时谐场向量 $\mathrm{e}^{\mathrm{i}(\omega_1 t - k_1 z)}$ 表示,则式(2.17)可变为

$$\frac{\partial E_3(z)}{\partial z} = -\frac{\mathrm{j}\mu_0 c \omega_3}{2n_3} \varepsilon_0 \chi^{(2)} E_1(z) E_2(z) \mathrm{e}^{-\mathrm{j}(k_1 - k_2 - k_3)z} \tag{2.18a}$$

类似可以得到

$$\frac{\partial E_1(z)}{\partial z} = -\frac{\mathrm{j}\mu_0 c \omega_1}{2n_1} \varepsilon_0 \chi^{(2)} E_2(z) E_3(z) \mathrm{e}^{\mathrm{j}(k_1 - k_2 - k_3)z} \tag{2.18b}$$

$$\frac{\partial E_2(z)}{\partial z} = -\frac{\mathrm{j}\mu_0 c \omega_2}{2n_2} \varepsilon_0 \chi^{(2)} E_1(z) E_3(z) \mathrm{e}^{-\mathrm{j}(k_1 - k_2 - k_3)z} \tag{2.18c}$$

式(2.18a)~(2.18c)即为我们所讨论的光学差频作用时的三波非线性耦合方程[13],其完全解过程比较复杂。由于大多数差频过程中转换效率很低(特别是在差频产生太赫兹波时),可以在小信号近似情况下,认为在整个介质内振幅 $E_1(z)$ 和 $E_2(z)$ 是常数,则式(2.18a)可表示为

$$\frac{\partial E_3(z)}{\partial z} = -\frac{\mathrm{j}\mu_0 c \omega_3}{2n_3} \varepsilon_0 \chi^{(2)} E_1 E_2 \mathrm{e}^{-\mathrm{j}\Delta k z} \tag{2.19}$$

其中 $\Delta k = k_1 - k_2 - k_3$,表示 $\omega_3$ 极化波与 $\omega_3$ 电磁波之间的动量失配(或相位失配),对于转换效率很高,幅值 $E_1(z)$、$E_2(z)$ 的变化不能忽略的情况下,方程组(2.18)求解过程见参考文献[14]。

## 2.1.3 太赫兹差频辐射功率及 Manley‑Rowe 关系

对式(2.19)按整个晶体长度 $L$ 积分,得到在晶体出射面内侧的电场强度幅值 $E_3(L)$

$$E_3(L) = \int_0^L \frac{\partial E_3(z)}{\partial z} \mathrm{d}z = \frac{\mu_0 \varepsilon_0 c \omega_3}{2n_3} \chi^{(2)} E_1 E_2 \frac{\mathrm{e}^{-\mathrm{j}\Delta kL} - 1}{\Delta k} \quad (2.20)$$

利用光场强度公式 $I = \frac{1}{2}\left(\frac{\varepsilon_0 \varepsilon_r}{\mu_0}\right)^{1/2} EE^*$（单位面积上的功率），则差频太赫兹波 $\vec{E}_3$ 在 $L$ 处的强度 $I_3$ 为

$$I_3 = \frac{1}{2}\left(\frac{\varepsilon_0 n_3^2}{\mu_0}\right)^{1/2} E_3 E_3^* = \frac{1}{2}\left(\frac{\mu_0}{\varepsilon_0}\right)^{1/2} \frac{\omega_3^2 (\chi^{(2)})^2}{n_1 n_2 n_3 c^2} I_1 I_2 \frac{\sin^2\left(\frac{1}{2}\Delta kL\right)}{\left(\frac{1}{2}\Delta kL\right)^2} \cdot L^2$$
(2.21)

式中，$I_1$、$I_2$ 分别表示入射波 $\vec{E}_1$、$\vec{E}_2$ 的强度，$n_1$、$n_2$、$n_3$ 是三束光波相对应的折射率系数，$\Delta k$ 为三波之间的相位失配量。通常采用非线性系数 $d$ 来表示 $\chi^{(2)}$，两者关系为 $\chi^{(2)} = 2d$ [15]。另外，对于前后入射端面只抛光而未镀膜的晶体，还需考虑三束光波在介质前后表面上的 Fresnel 损耗，则式（2.21）写成 $\vec{E}_3$ 的出射功率 $P_3$ 形式

$$P_3 = \frac{1}{2}\left(\frac{\mu_0}{\varepsilon_0}\right)^{1/2} \frac{\omega_3^2 (2d)^2}{n_1 n_2 n_3 c^2} \frac{P_1 P_2}{A} \cdot T_1 T_2 T_3 \frac{\sin^2\left(\frac{1}{2}\Delta kL\right)}{\left(\frac{1}{2}\Delta kL\right)^2} \cdot L^2 \quad (2.22)$$

式中 $T_1$、$T_2$、$T_3$ 分别表示 $\vec{E}_1$、$\vec{E}_2$ 入射时和 $\vec{E}_3$ 出射时在晶体表面上的 Fresnel 透射系数，$T_i = \frac{4n_i}{(n_i+1)^2}(i=1, 2, 3)$，$P_1$、$P_2$ 是 $\vec{E}_1$、$\vec{E}_2$ 的入射功率，$A$ 是光束截面积，其中 $I_3 = P_3/A$。

当考虑介质对作用光波的吸收作用时，其差频辐射功率为[16]

$$P_3 = \frac{1}{2}\left(\frac{\mu_0}{\varepsilon_0}\right)^{1/2} \frac{\omega_3^2 (2d)^2}{n_1 n_2 n_3 c^2} \frac{P_1 P_2}{A} \cdot T_1 T_2 T_3 \mathrm{e}^{-\alpha_3 L}$$
$$\times \frac{1 + \mathrm{e}^{-\Delta\alpha L} - 2\mathrm{e}^{-\frac{1}{2}\Delta\alpha L}\cos(\Delta kL)}{(\Delta kL)^2 + \left(\frac{1}{2}\Delta\alpha L\right)^2} \cdot L^2 \quad (2.23)$$

式中，$\Delta\alpha = |\alpha_1 + \alpha_2 - \alpha_3|$ 为材料吸收系数差，其中 $\alpha_1$、$\alpha_2$、$\alpha_3$ 分别是三束光波在晶体中对应波长的吸收系数。

式（2.23）告诉我们，为了增大差频波 $\vec{E}_3$ 的辐射功率，在不损伤晶体前提下，应提高入射光波 $\vec{E}_1$、$\vec{E}_2$ 的功率密度，同时这三束光波应满足晶体相位匹配条件（即 $\Delta k = 0$）；另一方面，则要求非线性太赫兹晶体具有较大的二阶非线性光学系数 $d$

以及晶体表面损伤阈值,同时在三波作用波段处具有较小的吸收系数。

在不考虑晶体吸收损耗情况下,三波之间功率交换满足 Manley‐Rowe 关系[17]

$$\frac{\frac{\partial I_3(z)}{\partial z}}{\omega_3} = \frac{\frac{\partial I_2(z)}{\partial z}}{\omega_2} = -\frac{\frac{\partial I_1(z)}{\partial z}}{\omega_1} \qquad (2.24)$$

或用功率变化表示为

$$\frac{\Delta P_3}{\omega_3} = \frac{\Delta P_2}{\omega_2} = -\frac{\Delta P_1}{\omega_1} \qquad (2.25)$$

式(2.25)的物理意义在于:对于太赫兹频率为 $\omega_3 = \omega_1 - \omega_2$ 的非线性差频产生过程,将消耗泵浦光波 $\omega_1$ 的功率,用来辐射产生 $\omega_2$ 的信号光波以及太赫兹光信号 $\omega_3$ 上。用光子的概念解释为,湮灭一个频率为 $\omega_1$ 的光子,理论上将产生两个频率为 $\omega_2$ 和 $\omega_3$ 的光子,具体过程如图 2.2 所示。

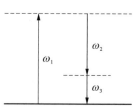

图 2.2 光学差频过程的光子描述

按照 Manley‐Rowe 关系式,太赫兹差频过程中由 $\omega_1$ 到 $\omega_3$ 的最大功率转换系数为

$$\eta_{\max} = \frac{\omega_3}{\omega_1} \qquad (2.26)$$

式(2.26)相应于 100% 的光子转换效率。按照该式,如果入射光波波长为 $1.064~\mu m$,则差频产生 $100~\mu m$ 光波的最大功率转换效率也只有约 1%,而产生 $1\,000~\mu m$ 波的话转换效率将不超过 0.1%。实际过程中,由于材料吸收以及晶体相位失配等情况导致功率转换效率更低,使用近红外激光差频产生太赫兹波的功率转换效率一般为 $10^{-6} \sim 10^{-5}$ 量级。

## 2.2 相位匹配

当忽略介质材料对作用光波的吸收作用 ($\alpha_1 = \alpha_2 = \alpha_3 = 0$),且 $\Delta k = 0$ 时,根据公式(2.21)此时晶体非线性转换效率最高,差频出射功率 $P_3$ 达到最大 $P_3^{\max}$。当 $\Delta k \neq 0$ 时,此时差频产生光功率为

$$P_3 = P_3^{\max} \cdot \frac{\sin^2(\Delta k L/2)}{(\Delta k/2)^2} \qquad (2.27)$$

式中 $\sin^2\left(\frac{1}{2}\Delta k \cdot L\right)$ 是一个周期为 $\pi$ 的函数,当 $\frac{\Delta k \cdot L}{2} = \frac{1}{2}\pi + n\pi (n \in \mathbf{Z})$,即 $L = \frac{\pi(2n+1)}{\Delta k} = \frac{\pi}{\Delta k}, \frac{3\pi}{\Delta k}, \frac{5\pi}{\Delta k}, \frac{7\pi}{\Delta k}, \cdots$ 时函数有最大值,当 $L = L_c = \frac{\pi}{\Delta k}$

时,即可使得 $P_3$ 最大,之后更长的 $L$ 并不能增大辐射功率,$L_c$ 称为相干长度。将 $L_c = \frac{\pi}{\Delta k}$ 代入式(2.27)可得:$P_3 = P_3^{\max} \cdot \frac{4}{\Delta k^2}$,即在晶体吸收损耗可以忽略时,$P_3$ 与 $\Delta k$ 的平方成反比,这样 $\Delta k$ 越小越好,所以要尽量采取技术手段来实现相位匹配。下面给出相位匹配的实质[18]。

对于任何混频或参量过程中产生的光波,都是由介质中经非线性相互作用形成的同频率极化波所产生。相位匹配就是要求产生的光波波矢 $k(\Omega)$ 与相应极化波波矢 $K(\Omega)$ 相等,实质是要求光波传播的相速度与产生它的极化波传播的相速度相等。只有这样,极化波在所有空间位置上辐射的光波才是同相位的,因而相干叠加以后是相长的,具有最大的光功率输出;反之,在相位失配时,极化波在不同空间位置辐射的光波是不同相的,叠加以后出现叠加相消。

对于共线相位匹配,有如下关系

$$(n_1 - n_2)\omega_2 + (n_1 - n_3)\omega_2 = 0 \qquad (2.28)$$

如果为正常色散的各向同性介质,由 $\omega_1 > \omega_2 > \omega_3$ 可知 $(n_1 - n_2) > 0$,$(n_1 - n_3) > 0$,则(2.28)式不能成立。要使(2.28)式成立,则必须使用各向异性晶体或者满足特殊条件的反常色散晶体材料。

## 2.2.1 双折射效应相位匹配

利用各向异性材料的双折射特性是实现相位匹配条件的一种重要方法。光在单轴双折射晶体中传播时,根据光的不同偏振状态以及晶体的入射面,在晶体中会有不同的传播速度,表现出不同的折射率,称为寻常光(o 光)和非寻常光(e 光)。o 光的偏振方向垂直于主平面(波矢和光轴组成的平面),e 光的偏振方向平行于主平面。根据 o 光、e 光的主轴传播速度大小,单轴晶体可以分为正单轴晶体($v_o > v_e$,此时 $n_o < n_e$,如 $ZnGeP_2$)和负单轴晶体($v_o < v_e$,此时 $n_o > n_e$,如 $LiNbO_3$、GaSe)。(注:本书只研究单轴晶体的双折射相位匹配。有关双轴晶体中实现相位匹配条件的详细讨论可以参见文献[19]。)

当入射光为 e 光,且光波的波矢方向 $\vec{k}$ 与光轴 $z$ 轴的夹角为 $\theta$ 时,其折射率(其中 $n_o$ 和 $n_e$ 是主轴折射率)[20]

$$\frac{1}{n_e^2(\theta)} = \frac{\sin^2\theta}{n_e^2} + \frac{\cos^2\theta}{n_o^2} \qquad (2.29)$$

这样可以通过调整夹角 $\theta$ 以及光的偏振方向来选择合适的 $n_1$,$n_2$,$n_3$ 使得(2.28)式满足,从而实现共线相位匹配条件(满足相位匹配条件时的 $\theta$ 角称相位匹配角)。

规定以下两种相位匹配类型(Ⅰ类和Ⅱ类):当最低频率的两束光的偏振方向相同时为Ⅰ类相位匹配;反之当最低频率的两束光偏振方向正交时为Ⅱ类相位匹

配。在太赫兹差频领域依然使用类似"oee"直接表达的方式来说明匹配形式(其中"o"表示入射波频率较高的泵浦光,第一个"e"表示入射波频率较低的信号光,第二个"e"表示出射的差频波),计算得到相位匹配角 $\theta$ 后,便可通过调整光波传播方向和晶体中光轴之间的夹角来实现相位匹配。表 2.1 给出了不同相位匹配类型的相位匹配角 $\theta$ 的具体计算公式。

表 2.1　单轴晶体双折射相位匹配角 $\theta$ 计算公式

| 类型 | 标志 | 相位匹配角 $\theta$ 计算公式 |
|---|---|---|
| I | o e e | $\omega_1 n_{\mathrm{o}}(\omega_1) = \omega_2 \left[ \dfrac{\sin^2\theta}{n_{\mathrm{e}}^2(\omega_2)} + \dfrac{\cos^2\theta}{n_{\mathrm{o}}^2(\omega_2)} \right]^{-1/2} + \omega_3 \left[ \dfrac{\sin^2\theta}{n_{\mathrm{e}}^2(\omega_3)} + \dfrac{\cos^2\theta}{n_{\mathrm{o}}^2(\omega_3)} \right]^{-1/2}$ |
| | e o o | $\omega_1 \left[ \dfrac{\sin^2\theta}{n_{\mathrm{e}}^2(\omega_1)} + \dfrac{\cos^2\theta}{n_{\mathrm{o}}^2(\omega_1)} \right]^{-1/2} = \omega_2 n_{\mathrm{o}}(\omega_2) + \omega_3 n_{\mathrm{o}}(\omega_3)$ |
| II | o e o | $\omega_1 n_{\mathrm{o}}(\omega_1) = \omega_2 \left[ \dfrac{\sin^2\theta}{n_{\mathrm{e}}^2(\omega_2)} + \dfrac{\cos^2\theta}{n_{\mathrm{o}}^2(\omega_2)} \right]^{-1/2} + \omega_3 n_{\mathrm{o}}(\omega_3)$ |
| | e o e | $\omega_1 \left[ \dfrac{\sin^2\theta}{n_{\mathrm{e}}^2(\omega_1)} + \dfrac{\cos^2\theta}{n_{\mathrm{o}}^2(\omega_1)} \right]^{-1/2} = \omega_2 n_{\mathrm{o}}(\omega_2) + \omega_3 \left[ \dfrac{\sin^2\theta}{n_{\mathrm{e}}^2(\omega_3)} + \dfrac{\cos^2\theta}{n_{\mathrm{o}}^2(\omega_3)} \right]^{-1/2}$ |

当在单轴晶体中参与非线性相互作用的光波中存在 e 光时,由于 e 光的波前(相位)传播方向 $\vec{k}$ 和能量(光线)传播方向 $\vec{s}$ 不一致,该光束将相对于 o 光在晶体内部传播时将会出现走离角 $\alpha$。

$$\tan\alpha = \frac{(n_{\mathrm{e}}^2 - n_{\mathrm{o}}^2) \cdot \sin\theta \cdot \cos\theta}{n_{\mathrm{e}}^2 \cos^2\theta + n_{\mathrm{o}}^2 \sin^2\theta} \tag{2.30}$$

只有当相位匹配角 $\theta$ 为 0°或者 90°时,$\alpha$ 才为 0。因为走离效应的存在,导致在使用双折射方法满足相位匹配条件时,不同偏振状态的泵浦波和差频波会在晶体内部逐渐分离,从而降低差频转换效率,此时晶体差频实际有效长度 $L_{\mathrm{eff}} = d/\tan\alpha$ ($d$ 为光束截面宽度)将会小于晶体实际长度 $L$。为了减弱走离效应,通常要求泵浦波的光束直径 $d$ 大于晶体长度 $L$。

另外,二阶极化率张量 $\chi^{(2)}$ 是一个三阶张量,其极化强度与光电场方向有关。在考虑介质完全对易对称关系时,二阶晶体的非线性极化率由 27 个独立分量可减少为 18 个独立分量。一般可使用简化的 3×6 的二维非线性光学系数 $d_{il}$ ($i = 1, 2, 3$) 矩阵代替通常的三维二阶非线性极化率 $\chi^{(2)}_{ijk}$,相应的约化关系如下

$$jk = xx \quad yy \quad zz \quad yz(zy) \quad zx(xz) \quad xy(yx)$$
$$l = 1 \quad\ \ 2 \quad\ \ 3 \quad\ \ 4 \quad\quad\quad 5 \quad\quad\quad 6$$

理论上,并不是所有方向上的泵浦光场均能产生太赫兹差频辐射。一般而言,为获得最大的太赫兹光功率输出,我们通常选择最大的二阶非线性光学系数 $d_{il}$ 进行太赫兹差频实验。然而,对于非线性差频过程真正有贡献的物理量是晶体有效非线性系数 $d_{eff}$,它其取决于具体晶体类型以及具体相位匹配方式。表 2.2 给出各种单轴晶体在不同相位匹配模式下 $d_{eff}$ 的具体表达式。

**表 2.2  13 类单轴晶体有效非线性系数计算公式[21]**

| 晶体种类 | I 类相位匹配 $d_{eff}$ | | II 类相位匹配 $d_{eff}$ | |
| --- | --- | --- | --- | --- |
| | 正单轴 | 负单轴 | 正单轴 | 负单轴 |
| 6, 4 | $-d_{14}\sin 2\theta$ | $d_{31}\sin\theta$ | $d_{15}\sin\theta$ | $d_{14}\sin\theta\cos\theta$ |
| 622, 422 | $-d_{14}\sin 2\theta$ | 0 | 0 | $d_{14}\sin\theta\cos\theta$ |
| $6mm, 4mm$ | 0 | $d_{31}\sin\theta$ | $d_{15}\sin\theta$ | 0 |
| $\bar{6}m2$ | $d_{22}\cos^2\theta\cos 3\varphi$ | $-d_{22}\cos\theta\sin 3\varphi$ | $-d_{22}\cos\theta\sin 3\varphi$ | $d_{22}\cos^2\theta\cos 3\varphi$ |
| $3m$ | $d_{22}\cos^2\theta\cos 3\varphi$ | $d_{31}\sin\theta - d_{22}\cos\theta\sin 3\varphi$ | $d_{15}\sin\theta - d_{22}\cos\theta\sin 3\varphi$ | $d_{22}\cos^2\theta\cos 3\varphi$ |
| $\bar{6}$ | $\cos^2\theta(d_{11}\sin 3\varphi + d_{22}\cos 3\varphi)$ | $\cos\theta(d_{11}\cos 3\varphi - d_{22}\sin 3\varphi)$ | $\cos\theta(d_{11}\cos 3\varphi - d_{22}\sin 3\varphi)$ | $\cos^2\theta(d_{11}\sin 3\varphi + d_{22}\cos 3\varphi)$ |
| 3 | $\cos^2\theta(d_{11}\sin 3\varphi + d_{22}\cos 3\varphi) - d_{14}\sin 2\theta$ | $\cos\theta(d_{11}\cos 3\varphi - d_{22}\sin 3\varphi) + d_{31}\sin\theta$ | $\cos\theta(d_{11}\cos 3\varphi - d_{22}\sin 3\varphi) + d_{15}\sin\theta$ | $\cos^2\theta(d_{11}\sin 3\varphi + d_{22}\cos 3\varphi) + d_{14}\sin\theta\cos\theta$ |
| 32 | $d_{11}\cos^2\theta\sin 3\varphi - d_{14}\sin 2\theta$ | $d_{11}\cos\theta\cos 3\varphi$ | $d_{11}\cos\theta\cos 3\varphi$ | $d_{11}\cos^2\theta\sin 3\varphi + d_{14}\sin\theta\cos\theta$ |
| $\bar{4}$ | $\sin 2\theta(d_{14}\cos 2\varphi - d_{15}\sin 2\varphi)$ | $-\sin\theta(d_{36}\sin 2\varphi + d_{31}\cos 2\varphi)$ | $-\sin\theta(d_{14}\sin 2\varphi + d_{15}\cos 2\varphi)$ | $\cos 2\varphi(d_{14}+d_{36})\sin\theta\cos\theta - \sin 2\varphi(d_{15}+d_{31})\sin\theta\cos\theta$ |
| $\bar{4}2m$ | $d_{14}\sin 2\theta\cos 2\varphi$ | $-d_{36}\sin\theta\sin 2\varphi$ | $-d_{14}\sin\theta\sin 2\varphi$ | $\cos 2\varphi(d_{14}+d_{36})\sin\theta\cos\theta$ |

注:$\varphi$ 是方位角,其为主平面与晶体 X 轴方向夹角。

## 2.2.2 准相位匹配

准相位匹配(QPM),最早由 Armstrong 等人[22]提出,它通过非线性介质中二阶非线性极化率的周期性调制,来补偿三波相互作用过程中因折射率色散而造成的各光波之间的相位失配,从而实现非线性光学效应的持续增强。因此,准相位匹配技术不再严格依赖于晶体自身的折射率色散曲线来满足晶体相位匹配条件,而是通过对晶体非线性系数进行周期性调制来达到晶体相位匹配条件。

在 QPM 过程中,晶体有效非线性系数 $d_{eff}$ 不再与空间无关,而是空间坐标的周期性函数。图 2.3 是准相位匹配的原理图,粗箭头方向为铁电畴的自发极化方向。

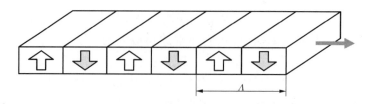

图 2.3 准相位匹配原理示意图

对于周期性极化晶体,相邻铁电畴的极化矢量方向相反,因此,相邻电畴的物理性质,如非线性系数、压电系数、电光系数等都是同值反号的。有效非线性系数 $d_{\text{eff}}$ 引入空间调制函数,用傅里叶级数表示为

$$d_{\text{eff}}(x) = d_{\text{eff}} \cdot \left( \sum_{m} G_m \, e^{-i\frac{2\pi m}{\Lambda} x} \right) \quad (2.31)$$

其中,$\Lambda$ 为空间调制周期,$m$ 为准相位匹配条件下的阶数。对于周期性方波调制,$G_m = \dfrac{2}{m\pi} \sin(m\pi D)$,其中 $D$ 为反转畴占空比系数,一般情况下 $D = 0.5$,则有

$$\begin{cases} G_m = \left| \dfrac{2}{m\pi} \right|, & m = \text{奇数} \\ G_m = 0, & m = \text{偶数} \end{cases} \quad (2.32)$$

因此只有奇数阶的准相位匹配才能满足相位相干增强条件。

与双折射相位匹配(BPM)相比,QPM 有诸多优点[23]:① QPM 与晶体内在特性无关,几乎所有的非线性晶体都可以通过非线性极化率的倒格失结构来实现频率变换,极大的扩宽了非线性晶体的应用范围。② 准相位匹配过程中可实现三波共线传播,不存在走离现象,降低了对光束入射角、发散角和晶体调整角的要求,能够严格将相互作用光束限制在非线性晶体内,可通过在一定范围内增加晶体的长度来获得大的转换效率。③ QPM 对晶体透光波段内任意波长的光波都不存在相位匹配的限制,理论上可以应用到晶体的整个透光范围。④ 通过选择合适的三波偏振态,可以利用晶体的最大非线性极化率张量来显著提高非线性转换效率。⑤ 对于准相位匹配的参量振荡,除了利用温度、角度及改变泵浦波长等方式进行调谐外,还可以通过多周期极化晶体实现输出波长的大范围调谐,丰富了调谐方式。

但是,准相位匹配技术的实现依赖于准相位匹配晶体的制备。Armstrong 等人最初提出将晶体切片然后旋转 180° 进行拼接的方式来实现准相位匹配,但是通常准相位匹配要求晶体的周期长度为几微米量级,因而准确的切割和拼接相当困难。直到 1993 年,Yamada 等人首次利用静电场极化反转的方法制作出周期铁电超晶格[24]。1995 年,Myers 等人制作出大块周期性极化铌酸锂[25],这才使得准相位匹配技术得到快速发展。在太赫兹波方面,利用周期性极化 GaAs、GaP 材料实现太赫兹波差频产生的研究工作也已经有了很多实验进展。

### 2.2.3 非共线相位匹配

对于绝大多数各向同性非线性半导体晶体以及部分双折射材料(如 $LiNbO_3$),当晶体在太赫兹共线差频作用时晶体具有较短的太赫兹波相干长度,满足不了高功率的太赫兹辐射,此时就必须考虑使用非共线相位匹配方式(如图 2.4 所示)。1973 年,贝尔实验室的 Lax 和 Aggarwal 等人使用 TEA-$CO_2$ 激光器在 GaAs 中实现了非共线差频产生 $70~\mu m \sim 2~mm$ 的太赫兹波辐射[26],UCLA 的 Tochitsky 等人在 2005 年报道了使用 GaAs 差频产生了兆瓦量级的太赫兹波出射[11]。

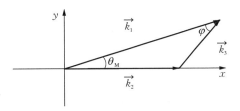

图 2.4 非共线相位匹配示意图

在整个非相位匹配过程,晶体相位匹配条件 $\vec{k}_1 = \vec{k}_2 + \vec{k}_3$ 依然要满足。

此时三个光波沿不同的方向传播,将波矢进行 $x$、$y$ 方向分解

$$k_1 \cos(\theta_M) = k_2 + k_3 \cos(\pi - \theta_M - \varphi) \tag{2.33}$$

$$k_1 \sin(\theta_M) = k_3 \sin(\pi - \theta_M - \varphi) \tag{2.34}$$

最终可得

$$\sin\left(\frac{1}{2}\theta_M\right) = \left[\frac{(n_3\,\omega_3)^2 - (n_1\,\omega_1 - n_2\,\omega_2)^2}{4 n_1\, n_2\, \omega_1 \omega_2}\right]^{1/2} \tag{2.35}$$

$$\cos(\varphi) = \left[1 + \frac{2\omega_2}{\omega_3}\sin^2\left(\frac{1}{2}\theta_M\right)\right] \times \left[1 + \frac{4\omega_1\omega_2}{\omega_3^2}\sin^2\left(\frac{1}{2}\theta_M\right)\right]^{-1/2} \tag{2.36}$$

根据(2.35)及(2.36)式,以及晶体在三波作用处的折射率系数,我们可以计算出太赫兹非共线差频过程中辐射太赫兹光波长与光束夹角 $\theta$ 的调谐曲线。

### 2.2.4 部分各向同性晶体共线相位匹配

对于各向同性半导体晶体,其晶体反常射线带均有相似特征,如图 2.5 所示[27]。当两入射光 $\omega_1$ 和 $\omega_2$ 处于剩余射线带左侧的近红外或中红外区域时,而差频太赫兹光波 $\omega_3 = \omega_1 - \omega_2$ 处于剩余射线带右侧的远红外区域,并且当选择某一特殊波段激光进行共线差频相互作用时,若是晶体在整个太赫兹波段具有宏观(mm 量级)的相干长度,就可以实现太赫兹光共线相位匹配。对于这一类晶体材料,它们均有一个明显的特征:晶体在剩余射线带两边的折射率相差较小。按照这一原

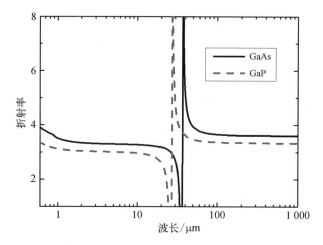

图 2.5　GaAs、GaP 的反常射线带数据图

则,理论上满足各向同性晶体太赫兹共线相位匹配条件的晶体有:GaAs、GaP[28]、CdTe 等。本书将对 CdTe、GaP、CdZnTe 晶体的太赫兹共线差频相位匹配进行了详细的理论研究,并在实验上对基于 CdTe、GaP 晶体产生的高功率太赫兹共线差频辐射给予进一步证实。

## 2.3　太赫兹参量产生作用原理

太赫兹参量产生是一种实现宽波段太赫兹的重要方法,因此,我们这里将对太赫兹参量产生的原理进行必要的理论介绍。太赫兹光学参量作用是一种与非线性介质二阶非线性极化率有关的三波混频过程。当一束频率为 $\omega_p$ 的强泵浦光入射到非线性晶体中时,基于二阶非线性极化效应,在晶体中的便会通过自发辐射机制产生频率分别为 $\omega_s$ 和 $\omega_T$ 的闲频光及太赫兹光辐射。此时,参量过程满足光子能量守恒条件 $\omega_p = \omega_s + \omega_T$,当满足动量守恒条件 $\vec{k}_p = \vec{k}_s + \vec{k}_T$(亦即相位匹配条件)时,闲频光及太赫兹光具有最大增益,从而该混频过程可持续、高效地进行,泵浦光的能量将通过有效非线性极化率 $\chi_{\text{eff}}$ 不断地耦合到闲频光及太赫兹光中,形成参量放大。

与非线性光学差频作用过程不同的是,太赫兹参量产生过程还涉及晶格中的声子振动,其核心是强光作用下受激电磁耦子参量散射。下面我们从非线性波动方程出发,对受激电磁耦子经参量散射作用辐射处高功率太赫兹光的理论机制给予简要的推导说明[29]。

在受激电磁耦子散射过程中,假设泵浦光、闲频光、太赫兹光以及晶格振动位移 $Q$ 都是单色平面波,可以将这些场写成如下形式

$$\begin{cases} E(\text{pump}) = E(\omega_p) + c.c. = A_p \exp[i(\vec{k}_p \cdot \vec{r} - \omega_p t) + \vec{\gamma}_p \cdot \vec{r}] + c.c. \\ E(\text{signal}) = E(\omega_s) + c.c. = A_s \exp[i(\vec{k}_s \cdot \vec{r} - \omega_s t) + \vec{\gamma}_s \cdot \vec{r}] + c.c. \\ E(\text{THz}) = E(\omega_T) + c.c. = A_T \exp[i(\vec{k}_T \cdot \vec{r} - \omega_T t) + \vec{\gamma}_T \cdot \vec{r}] + c.c. \\ Q(\text{pump}) = Q(\omega_T) + c.c. = Q_T \exp[i(\vec{k}_T \cdot \vec{r} - \omega_T t) + \vec{\gamma}_Q \cdot \vec{r}] + c.c. \end{cases} \quad (2.37)$$

其中 $\vec{\gamma}_\beta$ 为增长或衰减系数，($\beta = p, s, T, Q$) 分别代表泵浦光、闲频光、太赫兹光以及晶格振动位移；$c.c.$ 表示复共轭。

在受激电磁耦子散射过程中，电场极化强度包含了线性极化项 $\vec{P}(\omega)$ 和非线性项 $\vec{P}_{NL}(\omega)$，此时三束光波的非线性耦合波方程为

$$\nabla \times \nabla \times \vec{E}(\omega) + \mu_0 \varepsilon_0 \frac{\partial^2 \vec{E}(\omega)}{\partial t^2} = -\mu_0 \left( \frac{\partial^2 \vec{P}(\omega)}{\partial t^2} + \frac{\partial^2 \vec{P}_{NL}(\omega)}{\partial t^2} \right) \quad (2.38)$$

对于铌酸锂晶体，第 $j$ 个振动模运动方程可以表示为

$$\mu D_j(\omega_T) Q_j(\omega_T) = F_j(\omega_T) = e_j E(\omega_T) + F_j^{NL}(\omega_T) \quad (2.39)$$

其中 $Q_j(\omega_T)$ 为电荷偏离平衡位置的位移，$\mu$ 为电荷的折合质量，$D_j(\omega_T) = \omega_{0j}^2 - \omega_T^2 - i\omega_T \tau_{0j}$，$\omega_{0j}$ 为晶格振动模频率，$\tau_{0j}$ 为晶格振动模线宽。

对于 (2.39) 式，在泵浦光的作用下，晶体中的电荷做简谐运动，其驱动项分为两部分，包含线性驱动项 $e_j E(\omega_T)$ 和源自散射过程中的非线性驱动项 $F_j^{NL}(\omega_T)$。

对于非线性驱动项的求解，可以从量子力学角度出发通过能量密度矩阵来获取偶极矩运动方程。或者采用唯像能量密度函数的方法，直接得到太赫兹参量过程中的非线性驱动项。下面我们将从能量密度函数出发，对非线性驱动项进行求解。利用 Kleinman[30] 提出的能量密度方法，其能量密度函数为

$$\begin{aligned} &U[Q(\omega_T), E(\omega_T), E(\omega_s), E(\omega_p)] \\ &= -[d_E E(\omega_p) E(\omega_s)^* E(\omega_T)^* + E(\omega_p) E(\omega_s)^* \sum_j N_j d_{Q_j} Q(\omega_T)^*] + c.c. \end{aligned} \quad (2.40)$$

其中，$d_E$ 和 $d_Q$ 为物质的非线性系数。在后面的分析中我们可以看到 $d_E$ 与非线性极化过程中的参量过程有关，而 $d_Q$ 则与极化过程中的振动过程有关。依据能量密度函数，其非线性驱动项分别如下

$$\vec{P}_j^{NL}(\omega_\beta) = -\frac{\partial U}{\partial E(\omega_\beta)^*}, \quad \beta = T, p, s \, . \quad (2.41)$$

$$F_j^{NL}(\omega_T) = -\frac{1}{N_j} \frac{\partial U_j}{\partial Q_j(\omega_T)^*} \quad (2.42)$$

假设在受激电磁耦子散射过程中泵浦光无衰减损耗($\vec{\gamma}_p = 0$),将上述两式代入(2.38)式及(2.39)式后可得

$$Q'_j(\omega_T)^* = \frac{\Omega_{pj}^2 E(\omega_T)^*}{D_j(\omega_T)^*} + \frac{\Omega_{pj}^2 d'_{Qj} E(\omega_p)^* E(\omega_s)}{D_j(\omega_T)^*} \tag{2.43}$$

$$\left(\nabla^2 + \frac{\omega_T^2}{c^2}\varepsilon_T^*\right)E(\omega_T)^* = -\frac{\omega_T^2}{c^2}\left(d'_E + \sum_j \frac{\Omega_{pj}^2 d'_{Qj}}{D_j(\omega_T)^*}\right)E(\omega_p)^* E(\omega_s) \tag{2.44}$$

$$\left(\nabla^2 + \frac{\omega_s^2}{c^2}\varepsilon_{\infty s}\right)E(\omega_s)$$

$$= -\frac{\omega_s^2}{c^2}\Big(d'_E E(\omega_p) E(\omega_T)^* + E(\omega_p) E(\omega_T)^* \sum_j \frac{\Omega_{pj}^2 d'_{Qj}}{D_j(\omega_T)^*}$$

$$+ |E(\omega_p)|^2 E(\omega_s) \sum_j \frac{\Omega_{pj}^2 d'^2_{Qj}}{D_j(\omega_T)^*}\Big) \tag{2.45}$$

式中 $d'_E = 4\pi d_E$,$d'_{Qj} = d_{Qj}/e_j$,$Q'_j = 4\pi N_j e_j Q_j$,$\varepsilon_T^* = \varepsilon_{\infty T} + \sum_j \frac{\Omega_{pj}^2}{D_j(\omega_T)^*}$。

式(2.43)~(2.45)为太赫兹参量作用下,太赫兹光束、闲频光束和晶体声子的相互作用耦合波方程。

下面我们主要对(2.45)式等号右边三项进行分析,并给出其物理意义:

① 第一项 $d'_E E(\omega_p) E(\omega_T)^*$,它是典型的与参量过程相关的非线性极化项,仅与两电磁场的乘积有关,而与任何晶格振动模无关。在 $E(\omega_T)$ 为最大值的区域,该项具有最大值。而发生此现象时的区域就是最低振动模的电磁耦子色散曲线的类光子特性部分,在该区域电磁耦子的绝大部分能量是电磁特性的。因此,色散曲线的类光子部分也称为参量作用区。

② 最后一项 $|E(\omega_p)|^2 E(\omega_s) \sum_j \frac{\Omega_{pj}^2 d'^2_{Qj}}{D_j(\omega_T)^*}$,它是常见的拉曼极化项,决定于泵浦光场和晶格振动位移的乘积。当振动位移 $Q(\omega_T)$ 较大时,此拉曼项占主导地位,此时处于色散曲线的类声子部分。另外,当 $\omega_T$ 等于 TO 模本征频率 $\omega_{0j}$ 时,该项具有最大值,从而此时纯拉曼增益在 $\omega_s = \omega_s - \omega_{0j}$ 时达到最大值。这时,频率 $\omega_s$ 即为通常所能观察到的 Stokes 光散射频率。所以,色散曲线在类声子部分也被称为拉曼区。

③ 中间项 $E(\omega_p) E(\omega_T)^* \sum_j \frac{\Omega_{pj}^2 d'_{Qj}}{D_j(\omega_T)^*}$,取决于晶格振动和电场 $E(\omega_T)$ 的共同相互作用。在色散曲线的中间耦合区域,由于 $E(\omega_T)$ 和 $D_j(\omega_T)^*$ 的相互平衡作用,此时该项占主导作用,该部分被称为类光子-声子区。

最后求解式(2.43)~(2.45),在相位匹配条件下,可以得到在受激电磁耦子散射过程中太赫兹光波理论增益表达式[29]

$$g_0^2 = \frac{\omega_s \omega_T}{128 \pi^2 c^3 n_s n_T n_p} I_p \left( d'_E + \sum_j \frac{S_j \omega_{0j}^2 d'_{Qj}}{\omega_{0j}^2 - \omega_T^2} \right)^2 \quad (2.46)$$

$$g_T = g_s \cos\varphi = \frac{\alpha_T}{2} \left\{ \left[ 1 + 16\cos\varphi \left(\frac{g_0}{\alpha_T}\right)^2 \right]^{\frac{1}{2}} - 1 \right\} \quad (2.47)$$

其中,$g_0$ 为低损耗极限情况下的参量增益,$\alpha_T$ 为 THz 波在频率 $\omega_T$ 处的吸收系数,$\varphi$ 为太赫兹波与泵浦光波的相位匹配角,$n_s$、$n_T$ 分别为 Stokes 光和太赫兹波的折射率,$d'_E = 16\pi d_{33}$ 与二阶非线性参量过程有关,$d'_Q = \left[ \frac{4\pi c^4 n_p (S^m_{ijk}/Ld\Omega)}{S_j \hbar \omega_{0j} \omega_s^4 n_s (\bar{n}_T + 1)} \right]^{1/2}$ 与三阶拉曼散射过程有关,其中 $\bar{n}_T = 1/(e^{\frac{\hbar\omega_T}{kT}} - 1)$ 为玻色-爱因斯坦分布函数;$S^m_{ijk}/Ld\Omega$ 与晶格散射截面成正比,表示晶格振动模自发拉曼散射效率,其中 $S^m_{ijk}$ 为散射光与入射泵浦光之间的比值,$L$ 为散射介质长度,$d\Omega$ 为收集立体角。

## 参 考 文 献

[1] Franken P A, Hill A E, Peter C W, et al. Generation of optical harmonics. Physics Review Letters, 1961, 7: 118 - 119.

[2] Giordmaine J A. Mixing of light beams in crystals. Physics Review Letters, 1962, 8: 19 - 20.

[3] Maker P D, Terhune R W, Nicenoff M, et al. Effects of dispersion and focusing on the production of optical harmonics. Physics Review Letters, 1962, 8: 21 - 22.

[4] Zhang D W. Tunable terahertz wave generation in GaSe crystals. Proceedings of the International Society for Optical Engineering, 2009, 7277: 727710.

[5] Shi W, Ding Y J, Fernelius N, et al. Efficient, tunable, and coherent 0. 18 - 5. 27 - THz source based on GaSe crystal. Optics Letters, 2002, 27(16): 1454 - 1456.

[6] Tanabe T, Suto K, Nishizawa J, et al. Characteristics of terahertz-wave generation from GaSe crystals. Journal of Physics D-Applied Physics, 2004, 37(2): 155 - 158.

[7] Zhong K, Yao J Q, Xu D G, et al. Enhancement of terahertz wave difference frequency generation based on a compact walk-off compensated KTP OPO. Optics Communications, 2010, 283(18): 3520 - 3524.

[8] Shi W, Ding Y J J, Schunemann P G. Coherent terahertz waves based on difference-frequency generation in an annealed zinc-germanium phosphide crystal: improvements on tuning ranges and peak powers. Optics Communications, 2004, 233(1 - 3): 183 - 189.

[9] Tanabe T, Suto K, Nishizawa J, et al. Tunable terahertz wave generation in the 3 - to 7 - THz region from GaP. Applied Physics Letters, 2003, 83(2): 237 - 239.

[10] Tanabe T, Suto K, Nishizawa J, et al. Frequency-tunable high-power terahertz wave generation from GaP. Journal of Applied Physics, 2003, 93(8): 4610-4615.

[11] Tochitsky S Y, Ralph J E, Sung C, et al. Generation of megawatt-power terahertz pulses by noncollinear difference-frequency mixing in GaAs. Journal of Applied Physics, 2005, 98(2): 026101.

[12] Kawase K, Mizuno M, Sohma S, et al. Difference-frequency terahertz-wave generation from 4-dimethylamino-N-methyl-4-stilbazolium-tosylate by use of an electronically tuned Ti: sapphire laser. Optics Letters, 1999, 24(15): 1065-1067.

[13] 石顺祥,陈国夫,赵卫,等. 西安:西安电子科技大学出版社,2003: 124-126.

[14] Armstrong J A, Bloembergen N, Ducuing J, et al. Interactions between light waves in a nonlinear dielectric. Physical Review, 1962, 127(6): 1918-1939.

[15] Boyd R W. Nonlinear Optics. Reed: Elsevier Press, 2010.

[16] Shen Y R. 红外辐射的产生-利用非线性光学原理. 孔凡平等译. 北京:科学出版社,1982.

[17] Manley J M, Rowe H E. General energy relations in nonlinear reactances. Proceedings of the Institute of Radio Engineers, 1959, 47(12): 2115-2116.

[18] 叶佩贤. 非线性光学物理. 北京:北京大学出版社,2007: 96.

[19] 赵圣之. 非线性光学. 济南:山东大学出版社,2007: 68-75.

[20] Born M, Wolf E. Principles of optics. Oxford city: Oxford Press, 1975.

[21] 石顺祥,陈国夫,赵卫,刘继芳. 非线性光学. 西安:西安电子科技大学出版社,2003.

[22] Armstrong J A, Bloembergen N, Ducuing J, et al. Interactions between light waves in a nonlinear dielectric. Physical Review, 1962, 127(6): 1918-1939.

[23] 张成国. 光学差频产生太赫兹辐射的研究. 天津:天津大学硕士学位论文,2011: 62.

[24] Yamada M, Nada N, Saitoh M, et al. First-order quasi-phase matched liNbO$_3$ wave-guide periodically poled by applying an external field for efficient blue second-harmonic generation. Applied Physics Letters, 1993, 62(5): 435-436.

[25] Myersl E, Miller G D, Eckardt R C, et al. Quasi-phase-matched 1.064-$\mu$m-pumped optical parametric oscillator in bulk periodically poled LiNbO$_3$. Optics Letters, 1995, 20(1): 52-54.

[26] Aggarwal R L, Lax B, Favrot G. Noncollinear phase matching in GaAs. Applied Physics Letters, 1973, 22(7): 329-330.

[27] Palik E D. Handbook of optical constants of solids. Salt Lake City: Academic Press, 1998.

[28] Taniuchi I, Nakanishi H. Continuously tunable Terahertz-wave generation in GaP crystal by collinear difference frequency mixing. Electronics Letters, 2004, 40(5): 327-328.

[29] Sussman S S. Tunable light scattering from transverse optical modes in Lithium Niobate, Microwave Laboratory Report, 1970: 34.

[30] Kleinam D A. Nonlinear dielectric polarization in optical media. Physics Review, 1962, 126(6): 1977-1979.

# 第 3 章

# 掺镁铌酸锂晶体太赫兹参量产生源

在产生高功率、宽波段、连续可调谐的太赫兹波相干辐射的众多方法中,太赫兹参量产生方法也是目前广泛关注的热点之一[1-4],是未来实现紧凑型太赫兹辐射源的研究途径之一。它是基于晶格中受激电磁耦子散射原理产生太赫兹辐射,具有相干窄带、高能量、可连续调谐以及非线性转换效率高、调谐方式简单多样、只需一个固定波长的泵浦源以及所使用的非线性晶体价格便宜等优点,因此近十几年来备受国内外相关领域科研工作者的关注。

## 3.1 太赫兹参量源研究背景

早在 20 世纪 60 年代,人们就开始对太赫兹参量产生源的理论进行研究:日本科学家 Nishizawa 对闪锌矿结构晶体经受激电磁耦子散射作用可以产生太赫兹波[5,6]进行理论预言;紧接着,Henry 理论推导出对立方晶体受激电磁耦子散射过程产生太赫兹波的参量增益表达式[7];随后,Yarborough[8]利用调 $Q$ 红宝石激光器泵浦铌酸锂晶体,利用该晶体的光学参量效应产生太赫兹波辐射。

20 世纪 80 年代以后,由于缺乏优良的泵浦光源以及增益介质,差频产生的太赫兹光功率非常弱,因此太赫兹波参量振荡技术发展缓慢。直到 90 年代中期,随着高性能增益介质的出现,日本的 Ito 和 Kawase 小组又开始对太赫兹波参量技术进行大量、系统的实验研究,取得了一系列的实验成果。由于铌酸锂晶体在太赫兹波段具有非常大的折射率($n_T > 5$),参量作用产生的太赫兹波辐射将会在晶体出射端面发生全反射。为了有效耦合太赫兹波,1996 年 Kawase[9]在铌酸锂晶体表面通过刻画线栅的方法实现太赫兹波耦合输出,并利用光学参量振荡技术使太赫兹波的输出功率提高 250 倍。由于在铌酸锂晶体中太赫兹波段处波吸收系数很大,极大地限制了太赫兹波的输出功率。他们还进行低温铌酸锂晶体参量振荡实验[10]，发现在液氮温度下铌酸锂参量振荡辐射产生的太赫兹功率要比室温条件下的高 125 倍，并且其产生阈值下降 32%。2001 年，Kawase[11] 通过一排设计好的硅棱镜紧贴在铌酸锂晶体侧面实现太赫兹波高效耦合，其耦合效率提高 6 倍，输出的太赫兹波调谐范围为 1~3 THz。2001 年，Kawase[12] 实现了种子光注入太赫兹参量产生源(TPG)(如图 3.1 所示)，在 1.58 THz 处，其太赫兹波线宽小于 200 MHz，输出能量为 900 pJ/pules，峰值功率大于 100 mW，比普通 TPG 输出功率提高 300 倍以上。2006 年，Ikari[13] 利用晶体特殊的几何形状，实现了太赫兹波表面垂直输出的太赫兹振荡源(TPO)，如图 3.2 所示。由于没有使用硅棱镜耦合输出太赫兹波，出射太赫兹波的光束质量得到较好的改善，其 $M^2$ 因子在水平方向上为 1.15，在垂直方向上为 1.25。随着周期性极化反转铌酸锂晶体(PPLN)的出现，人们开始考虑使用准相位匹配技术实现太赫兹波的共线产生实验。2009 年，Sowade[14] 采用连续泵浦激光在 PPLN 晶体中实现了连续太赫兹波的输出，其实验装置如图 3.3 所示。

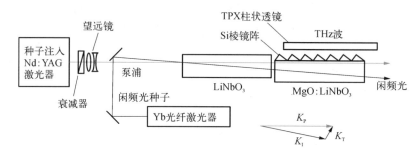

图 3.1　种子注入 TPG

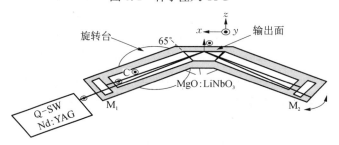

图 3.2　THz 波表面垂直输出 TPO

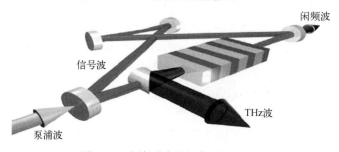

图 3.3　连续泵浦准相位匹配 TPO

实验中通过更换不同极化周期的 PPLN，获得了辐射太赫兹波范围为 1.3～1.7 THz，其测得平均功率在 1.35 THz 处大于 1 μW。

## 3.2 铌酸锂晶体光学性质

铌酸锂晶体是一种具有多种优异非线性光学性能的多功能晶体材料，广泛应用在电光调制、声光开关、光波导、非线性频率、高密度信息存储及光放大等领域，具有光学"硅"的美称。铌酸锂晶体是负单轴晶体（$n_o > n_e$），属于 $3m$ 点群，透光区域在 $0.33$～$5.5$ μm 范围，莫氏硬度为 5～5.5。该晶体分子结构为共面形式堆垛的氧八面体（如图 3.4 所示），其中金属离子 $Li^+$ 处于两个共面八面体的公共面中，而 $Nb^{5+}$ 都处于氧八面体中。顺电相时，$Li^+$ 和 $Nb^{5+}$ 分别位于氧平面和氧八面体中心，无自发极化。铁电相时，$Li^+$ 和 $Nb^{5+}$ 均沿着 $+c$ 轴发生偏移，前者离开氧八面体的公共面，后者离开氧八面体中，形成了 $c$ 轴的电偶极矩，即自发极化[15]。

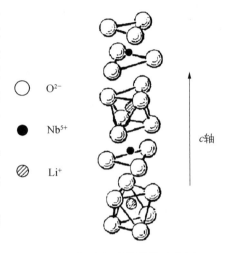

图 3.4 铌酸锂晶体结构示意图

常温下，铌酸锂晶体在可见和近红外波段具有较大的双折射效应（$\Delta n = n_o - n_e > 0.07$），其在 1.064 μm 处折射率系数如下：$n_o \sim 2.23$，$n_e \sim 2.16$。由于晶体的激光损伤阈值与泵浦激光参数密切相关，根据本实验中所使用泵浦光参数：波长 1.064 μm，脉宽为 7.8 ns，重复频率为 10 Hz，其损伤阈值约为 100 MW/cm$^2$。在相位匹配方向上，铌酸锂晶体二阶有效非线性光学系数为[16]

$$d_{ooe} = d_{31}\sin\theta - d_{22}\cos\theta\sin 3\varphi$$

$$d_{eoe} = d_{oee} = d_{22}\cos^2\theta\cos 3\varphi \tag{3.1}$$

其中，$d_{31} = 5.95$ pm/V，$d_{22} = 3.07$ pm/V。此外，由于铌酸锂晶体具有最大的二阶非线性光学系数 $d_{33}$（25.2 pm/V@1 064 nm）[17]，我们将利用该系数 $d_{33}$ 研究"eee"相位匹配的太赫兹参量产生源实验。当在纯铌酸锂晶体中掺入 5% 化学计量比镁时，晶体光学性质没有发生明显变化，但是其损伤阈值却可以提高 1～2 个数量级。图 3.5 为我们实验所使用的 MgO:LiNbO$_3$ 晶体实物图。

图 3.5 实验所用 MgO：LiNbO$_3$ 晶体

## 3.3 铌酸锂晶体参量辐射产生原理

根据晶格振动对称性可知,铁电相铌酸锂晶体声子振动模式在 Γ 点对称性分类下结果为：$5A_1+5A_2+10E$。其中,同时具有拉曼活性和红外活性的振动模式为 $4A_1$、$9E$；既非拉曼活性又非非红外活性的振动模式为 $5A_2$；最后剩下的 1 个 $A_1$ 对称模和 1 个 E 对称振动模则对应为声学支。由于 $A_1$ 声子振动模式振动方向平行于光轴[18],因此理论上利用该模式可以使铌酸锂晶体最大的二阶非线性光学系数 $d_{33}$ 来实现太赫兹参量产生辐射,此时参量作用中的三波偏振方向(泵浦光、Stokes 光、太赫兹波)以及晶格振动位移方向均相同,平行于晶体光轴($c$ 轴)。

下面简要介绍铌酸锂晶体经电磁耦子散射产生太赫兹参量辐射的具体物理过程。当一束高功率的近红外光入射到铌酸锂晶体中时,该入射激光光子将会与晶格中的横向光学声子模式发生耦合,形成电磁耦子。理论研究表明：当电磁耦子处于长波长、小波矢时,该电磁耦子表现出明显的类光子特性(电磁特性,与非线性参量作用类似),该电磁耦子将在晶体中辐射出电磁波；而当电磁耦子处于短波长、大波矢时,则表现出类声子特性(机械振动特性,与拉曼散射过程类似),不参与电磁波的辐射过程；当电磁耦子位于这两者之间,此时既不表现出类光子特性也不表现出类声子特性。因此,对于铌酸锂晶体太赫兹参量产生实验,实际参与贡献的电磁耦子局限在长波长、小波矢区域[7],如图 3.6 所示。特别指出的是,当电磁耦子位于小波矢、长波长时,其色散曲线与晶格本征振动模式色散曲线基本一致。

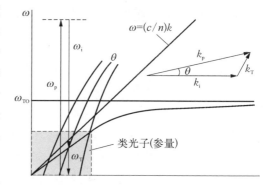

图 3.6 MgO：LiNbO$_3$ 晶体中极化激元色散关系

在铌酸锂晶体中通过受激电磁耦子参量散射辐射出太赫兹光的物理过程中必

须要满足三波光子能量守恒条件,即每湮灭一个近红外的泵浦光光子$\omega_p$,就会产生一个近红外的闲频光光子$\omega_s$(即 Stokes 光子)和一个太赫兹光光子$\omega_T$。

$$\omega_p - \omega_s = \omega_T \tag{3.2}$$

同时,在太赫兹参量产生过程中还必须满足三波动量守恒定律(即非共线相位匹配条件),具体用动量矢量表示为

$$\vec{k}_p = \vec{k}_s + \vec{k}_T \tag{3.3}$$

其中 $k_i = \dfrac{n_i \omega_i}{c}$,$n$ 为折射率,$i = p, s, T$ 分别代表入射泵浦光、Stokes 光和 THz 光。或者用三角形余弦定理表示为

$$k_T^2 = k_p^2 + k_s^2 - 2 k_p k_s \cos(\theta) \tag{3.4}$$

其中 $\theta$ 角为泵浦光与 Stokes 光之间的夹角。

## 3.4 铌酸锂晶体参量辐射产生数值计算

铌酸锂晶体在可见及近红外波段的折射率色散方程如下[19]

$$\begin{cases} n_o^2 = 4.9048 + \dfrac{0.11768}{\lambda^2 - 0.0475} - 0.027169 \lambda^2 \\ n_e^2 = 4.5820 + \dfrac{0.099169}{\lambda^2 - 0.04443} - 0.02195 \lambda^2 \end{cases} \tag{3.5}$$

其中 $\lambda$ 为波长,单位为 $\mu m$。

在太赫兹波段,铌酸锂晶体的折射率系数及吸收系数主要由 $A_1$ 模式各个声子的共振吸收峰决定,此时材料的复介电常数可以表示为[20]

$$\varepsilon(\omega) = \varepsilon_r(\omega) + i \varepsilon_i(\omega) = \varepsilon_\infty + \sum_j \dfrac{S_j \omega_j^2}{\omega_j^2 - \omega^2 - i\omega \Gamma_j} \tag{3.6}$$

其中,$\varepsilon_r = \varepsilon_\infty + \sum_j \dfrac{S_j (\omega_j^2 - \omega^2) \omega_j^2}{(\omega_j^2 - \omega^2)^2 - \omega^2 \Gamma_j^2}$,$\varepsilon_i = \sum_j \dfrac{S_j \omega_j^2 \omega \Gamma_j}{(\omega_j^2 - \omega^2)^2 - \omega^2 \Gamma_j^2}$,具体参数见表 3.1。

表 3.1 铌酸锂晶体晶格振动参数($A_1$ 模式)

| $\omega_j/\text{cm}^{-1}$ | $S_j$ | $\Gamma_j/\text{cm}^{-1}$ |
| --- | --- | --- |
| 248 | 16 | 21 |
| 274 | 1 | 14 |

续 表

| $\omega_j/\mathrm{cm}^{-1}$ | $S_j$ | $\Gamma_j/\mathrm{cm}^{-1}$ |
|---|---|---|
| 307 | 0.16 | 25 |
| 628 | 2.55 | 34 |
| 692 | 0.13 | 49 |
| $\varepsilon_\infty = 4.6$ | | |

根据式(3.6),铌酸锂晶体在太赫兹波段处的折射率系数 $n(\omega)$、消光系数 $\kappa(\omega)$ 及吸收系数 $\alpha(\omega)$ 表达式如下

$$\begin{cases} n(\omega) = \mathrm{Re}(\sqrt{\varepsilon(\omega)}) = \dfrac{1}{\sqrt{2}}[\varepsilon_r + (\varepsilon_r^2 + \varepsilon_i^2)^{1/2}]^{1/2} \\ \kappa(\omega) = \mathrm{Im}(\sqrt{\varepsilon(\omega)}) = \dfrac{1}{\sqrt{2}}[-\varepsilon_r + (\varepsilon_r^2 + \varepsilon_i^2)^{1/2}]^{1/2} \\ \alpha(\omega) = \dfrac{4\pi\kappa(\omega)}{\lambda} \end{cases} \quad (3.7)$$

根据上述公式,我们对铌酸锂晶体在太赫兹波段的吸收系数进行理论计算,如图 3.7 所示。从该图中可以看出,铌酸锂晶体在低频波段(小于 30 cm$^{-1}$)吸收系数较小(且增长缓慢),但是当频率大于 60 cm$^{-1}$ 时,晶体吸收系数急剧变大,此时在这一波段将不再有利于高功率的太赫兹辐射。

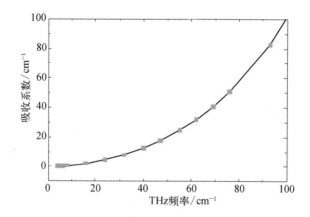

图 3.7　理论计算铌酸锂晶体太赫兹波段吸收系数光谱

根据非共线相位匹配条件(3.4),结合铌酸锂晶体在近红外以及太赫兹波段的折射率色散方程,理论上可以计算出在不同观察角 $\theta$ 时(泵浦光与闲频光之间夹角),晶体相位匹配曲线与晶体的电磁耦子色散曲线之间的交点。依据该交点所对应的电磁耦子散射频率,从而确定此时受激电磁耦子散射辐射的太赫兹光及 Stokes 光频率。因此我们计算了 Nd∶YAG 激光器 1 064 nm 激光,在不同观察角

$\theta$(0.1°,0.5°,1°,2°,3°,4°,6°)下,铌酸锂晶体 $A_1$ 振动模色散曲线与三波相位匹配曲线的相交情况,如图 3.8 所示。由于晶格振动模式是连续变化的,因此当连续改变观察角 $\theta$ 时,它们的交点亦将连续变化,通过该途径我们可以得到连续可调谐的太赫兹波参量辐射。从图中还可以看出,该交点处电磁耦子辐射频率随着观察角 $\theta$ 增大而增大,表明参量作用产生的太赫兹辐射频率将随观察角 $\theta$ 增大而增大,则对辐射产生的 Stokes 光频率规律相反;理论上计算表明:对于满足这两条曲线具有恒定非零交点的条件,其观察角范围将小于 8°,但是考虑到电磁耦子太赫兹波参量作用只局限在小波矢、长波长处,因而实际有效的观察角范围将更小。

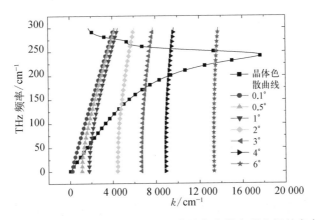

图 3.8 不同观察角时晶体相位匹配曲线与色散方程之间的交点解

图 3.9 给出了在铌酸锂参量作用产生的太赫兹辐射频率随晶体观察角 $\theta$ 的变化关系。从图中可以看出,当角度为 0° 时,晶体不存在太赫兹波辐射,说明共线相位匹配在铌酸锂晶体中无法实现太赫兹波参量辐射。只有当角度大于 0° 时,晶体才开始出现太赫兹辐射,且其辐射频率随调谐角度的增加而增大。

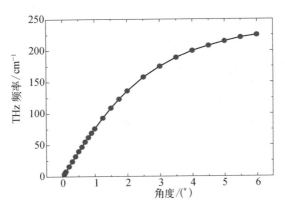

图 3.9 太赫兹频率随观察角之间的调谐关系

根据第 2 章推导的参量产生过程中太赫兹增益系数 $g_t$ 理论公式，我们计算出铌酸锂晶体在 1 064 nm 泵浦光作用下(其功率密度为 100 MW/cm² 时)经参量作用产生的太赫兹光增益系数(如图 3.10 所示)。由于不同文献报道的参数数据差异，对太赫兹增益系数曲线计算结果亦有区别，但是其形状以及变化趋势均一致。

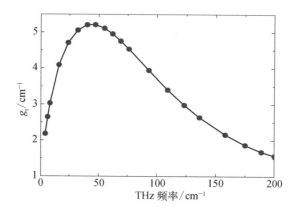

图 3.10　铌酸锂晶体参量产生太赫兹增益系数理论计算

## 3.5　掺镁铌酸锂晶体太赫兹参量产生源实验研究

### 3.5.1　太赫兹参量产生源实验配置

掺镁铌酸锂晶体的太赫兹参量产生实验光路图如图 3.11 所示。本实验采用的泵浦源为调 Q 近红外纳秒脉冲 Nd：YAG 激光器(1 064 nm)，最大输出能量约 1.2 J，光束直径约为 8 mm，脉宽 7.8 ns，重复频率 10 Hz，激光线宽小于 0.003 cm⁻¹。由于激光出射的 1 064 nm 光束中混有部分 532 nm 倍频光信号，为避免对后续实

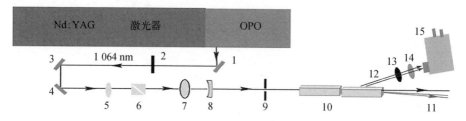

图 3.11　基于 MgO：LiNbO₃ 晶体的太赫兹参量源光路系统

调 Q Nd：YAG 激光器输出激光波长为 1 064 nm；1,3,4. 1 064 nm 泵浦光的高反镜；2. 可见光衰减片；5. 半波片；6. 偏振片；7,8. 光路缩束系统；9. 可调孔径光阑；10. 两块 MgO：LiNbO₃ 晶体，其中后面一块晶体侧面刻有线栅；11. Stokes 光；12. 太赫兹波；13. 锗片；14. 2 mm 厚白色聚乙烯薄片；15. Bolometer 探测器

验造成影响,我们在出射光路中使用可见光衰减片把绿光完全吸收过滤掉,只让 1 064 nm 激光通过。但是在使用可见光衰减片的过程中,如果入射激光功率太强会把衰减片损坏。因此,我们在实验中使用较低的激光泵浦功率(20~30 mJ)来进行太赫兹参量产生实验。另外,由于入射光斑直径超出非线性晶体的通光截面,我们利用一凹凸望远镜系统将泵浦光直径缩束至 2 mm 左右,从而进一步提高泵浦光的功率密度,达到掺镁铌酸锂太赫兹参量产生实验的功率阈值条件。

在实验过程中,1 064 nm 的泵浦光经过可见光衰减片吸收杂散的绿光后,再通过半波片来调节泵浦光的偏振方向,然后通过偏振片来确定泵浦光的偏振态,使得泵浦光沿竖直方向偏振。光束再由缩束系统进行压缩光斑来提高泵浦光的功率密度,然后通过可调光阑来调节光斑大小,最后垂直入射到晶体表面。晶体将在高功率密度的 1 064 nm 激光泵浦下产生电磁耦子的参量散射,从而辐射出波长与 1 064 nm 相近的 Stokes 光和对应的太赫兹光。实验中使用两块 3 mm × 4 mm × 60 mm 的 MgO:LiNbO$_3$ 晶体,这样将增加三束光在晶体中三波相互作用空间长度,从而获得更高的太赫兹产生效率。两块晶体的前后表面均进行光学抛光并镀 1 064 nm 减反膜处理,其晶体光轴(4 mm 边方向)都沿竖直方向放置,这样入射的泵浦光在晶体中为非寻常光(e 光)。实际光路中的太赫兹波和 1 064 nm 泵浦光夹角大概在 63°~65°,对应于太赫兹波出射方向与晶体侧表面法线方向的夹角为 25°~27°,远大于晶体在太赫兹波处的反射临界角(11°)[21]。为了避免参量效应产生的太赫兹波在晶体中发生全反射,我们在第二块晶体侧面通过刻画线栅的方法来耦合输出太赫兹光信号,其线栅常数为 60 μm,刻槽深度为 50 μm。图 3.12 为实验中所使用的掺镁铌酸锂晶体侧面线栅具体结构图。

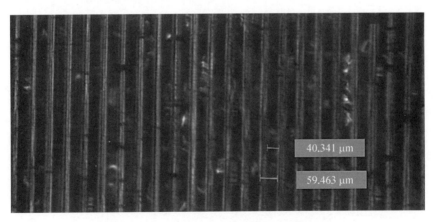

图 3.12 光学显微镜下观察到的自制线栅结构

由于在此过程中产生 Stokes 光与泵浦光夹角较小,我们使用光纤光谱仪在较远距离处对 Stokes 光进行光谱探测。对参量过程中产生的太赫兹波信号,我们使用工作在 4.2 K 液氦温度下的 Si-Bolometer 对其进行能量测量,为了避免杂散光的影响,我们在 Si-Bolometer 探测窗口前增加 Ge 片以及白色聚乙烯片来提高探测信号信噪比。

### 3.5.2 太赫兹参量产生实验结果与分析

当泵浦光的脉冲能量为 24.5 mJ,平均功率为 245 mW,光斑大小为 2 mm 时,根据泵浦光脉宽参数信息(7.8 ns),此时入射泵浦激光峰值功率密度为 100 MW/cm$^2$。实验中我们在水平方向观察到了明显的 Stokes 光斑分布,如图 3.13 所示,中间的亮斑为透射的 1 064 nm 泵浦光光斑,两边对称分布的为实验中 Stokes 光斑[22]。

随着转动晶体与入射泵浦光之间的角度,我们发现 Stokes 光斑将在水平方向上移动,其波长范围为 1 067.33~1 075.04 nm,并且该波长随着晶体转动角度的增大而增大,这与理论分析相一致。图 3.14 给出实验中具体的两个 Stokes 光斑光谱探测结果。

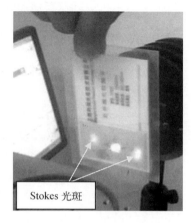

图 3.13 实验中观察到的对称 Stokes 光斑

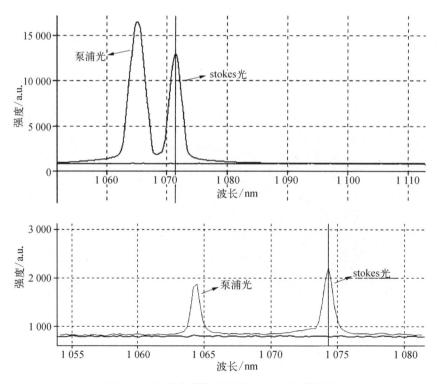

图 3.14 光纤光谱仪测得的 Stokes 光谱范围

实验发现,掺镁铌酸锂晶体外部调谐角度与太赫兹参量产生 Stokes 光辐射波长之间具有简单的线性关系,如图 3.15 所示。

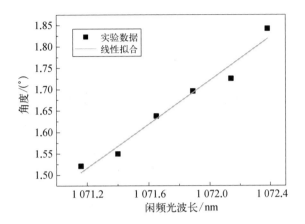

图 3.15　探测 Stokes 光波长随外部观察角变化的关系

利用激光能量计测量这些 Stokes 光斑(又称闲频光斑),其能量光谱分布结果如图 3.16 所示。

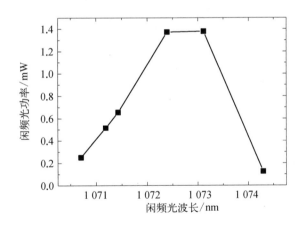

图 3.16　能量计测得 Stokes 光能量分布

根据所测 Stokes 光波长范围,以及三波光子能量守恒条件,理论上可以计算出参量辐射产生的太赫兹光波长范围为 105.05~357.17 μm,对应频率范围为 0.84~2.86 THz,图 3.17 给出实际探测所得太赫兹辐射信号波形分布。经标定,该 THz 信号能量约为 30 pJ,峰值功率为 3.8 mW,若再考虑到空气对太赫兹波的吸收,以及锗片和 PE 薄片对太赫兹波的衰减,则实验探测结果与日本 Kodo Kawase[2]等人报道的实验结果基本一致。

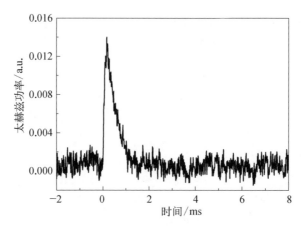

图 3.17　Bolometer 探测器探测太赫兹辐射信号分布

## 参 考 文 献

[1] Kawase K, Shikata J, Ito H. Terahertz wave parametric source. J Phys D: Applied Physics, 2002, 35(3): R1-R14.

[2] Suizu K, Kawase K. Monochromatic-tunable terahertz-wave sources based on nonlinear frequency conversion using lithium niobate crystal. IEEE Journal of Selected Topics in Quantum Electronics, 2008, 14(2): 295-306.

[3] 夏彩鹏. 基于 MgO:LiNbO$_3$ 晶体的太赫兹波参量发生器的理论与实验研究. 中国科学院研究生院硕士学位论文. 2009: 9~11.

[4] Kawase K, Hatanaka T, Takahashi H, et al. Tunable terahertz-wave generation from DAST crystal by dual signal-wave parametric oscillation of periodically poled lithium niobate. Optics Letters, 2000, 25(23): 1714-1716.

[5] Nishizawa J. History and characteristics of semiconductor laser. Denshi Kagaku, 1963, 14: 17-31.

[6] Nishizawa J. Esaki diode and long wavelength laser. Denshi Gijutu, 1965, 7: 101-105.

[7] Henry C H, Garrett C G B. Theory of parametric gain near a lattice resonance. Physics Review, 1968, 171(3): 1058-1064.

[8] Yarborough J M, Sussman S S, Purhoff H E, et al. Efficient, tunable optical emission from LiNbO$_3$ without resonator. Applied Physics letters, 1969, 15(3): 102-105.

[9] Kawase K, Sato M, Taniuchi T, et al. Coherent tunable THz-wave generation from LiNbO$_3$ with monolithic grating coupler. Applied Physics letters, 1996, 68(18): 2483-2485.

[10] Shikata J, Sato M, Taniuchi T, et al. Enhancement of terahertz-wave output from LiNbO$_3$ optical parametric oscillators by cryogenic cooling. Optics Letters 1999, 24(4): 202-204.

[11] Kawase K, Shikata J, Minamide H, et al. Arrayed silicon prism coupler for a terahertz-wave parametric oscillator. Applied Optics, 2001, 40(9): 1423-1426.

[12] Kawase K, ShikataJ, ImaiK, et al. Transform-limited, narrow-linewidth, terahertz-wave

parametric generator. Applied Physics letters，2001，78(19)：2819-2821.

[13] Ikari T, Zhang X, Minamide H. THz-wave parametric oscillator with a surface-emitted configuration. Optics Express，2006，14(4)：1604-1610.

[14] Sowade R, Breunig I, Mayorga I C, et al. Continuous-wave optical parametric terahertz source. Optics Express，2009，17(25)：22303-22310.

[15] 张克从,王希敏. 非线性光学晶体材料科学. 北京：科学出版社,2005,271-273.

[16] Dmitriev V G. 非线性光学晶体手册. 王继扬译. 北京：高等教育出版社,2009,161-164.

[17] Shoji I, Kondo T, Kitamoto A, et al. Absolute scale of second-order nonlinear-optical coefficients. Journal of the Optical Society of America B：Optical Physics，1997，14(9)：2268-2294.

[18] 孙博. 基于差频技术及光学参量方法产生可调谐THz波的研究. 天津大学博士学位论文,2007,第91页.

[19] Dmitriev V G 等. 非线性光学晶体手册. 王继扬,译. 北京：高等教育出版社,2009：156.

[20] Barker A S, Loudon R. Dielectric properties and optical phonons in $LiNbO_3$. Physics Review，1967，158(2)：433-445.

[21] 苏新武. THz波参量振荡器产生THz波理论分析. 西安理工大学硕士学位论文,2008,31-32.

[22] 王兵兵. 基于非线性光学差频和参量效应的太赫兹源研究. 中国科学院研究生院学位论文,2011,68.

# 第 4 章

# 各向同性晶体太赫兹共线差频源

本章主要对各向同性晶体碲化镉和磷化镓进行太赫兹室温共线差频实验并对 n 型磷化镓晶体进行变温太赫兹共线差频实验研究。在碲化镉太赫兹共线差频实验中,我们实验上观察到其辐射太赫兹频率范围为 0.65~2.88 THz,其最高峰值功率 0.25 W,位于 1.5 THz 处;在磷化镓太赫兹共线差频实验中,我们得到其辐射太赫兹频率范围为 0.39~3.13 THz,其最高峰值功率为 7 W,位于 2.0 THz 处;在 n 型磷化镓晶体变温太赫兹共线差频辐射实验中,我们在实验上观察到其辐射频率范围为 1~3 THz,晶体在液氮温度下其辐射太赫兹光功率约为室温下的 5 倍,且发现 1 mm 长度的晶体辐射太赫兹光功率约为 0.5 mm 晶体辐射的 2 倍。

## 4.1 各向同性半导体共线差频理论分析

相干长度是衡量三波相位匹配程度的重要物理量。在各向同性晶体中,不同的激光泵浦波长具有不同的晶体相干长度。选择合适波长的泵浦激光源进行太赫兹共线差频实验,对高功率太赫兹光的产生具有重要作用。已有理论分析表明[1],只要各向同性晶体在泵浦光激光共线差频时,具有较大的晶体相干长度(毫米量级)且晶体在三波作用区间有小的吸收系数,就可以通过共线差频相位匹配方式实现高功率宽波段的太赫兹辐射。下面我们将从理论分析在波长 1 064 nm 附近激光差频作用时,各向同性晶体相干长度随太赫兹光波长变化的函数关系。

在各向同性晶体共线差频实验中产生高功率、宽波段、连续可调谐的相干太赫兹光辐射,这一物理过程必须要满足两个基本条件:光子能量守恒和动量守恒,具体可由下述公式表示

$$\frac{1}{\lambda_T} = \frac{1}{\lambda_p} - \frac{1}{\lambda_s} \tag{4.1a}$$

$$k_\mathrm{T} = k_\mathrm{p} - k_\mathrm{s} \qquad (4.1\mathrm{b})$$

其中，$\lambda_\mathrm{p}$、$\lambda_\mathrm{s}$、$\lambda_\mathrm{T}$分别为泵浦光、信号光、太赫兹光的波长，而$k_\mathrm{p}$、$k_\mathrm{s}$、$k_\mathrm{T}$则分别对应于这三种光的光子动量大小。求解式(4.1)可得

$$\frac{n_\mathrm{T}}{\lambda_\mathrm{T}} = \frac{n_\mathrm{b}}{\lambda_\mathrm{b}} \qquad (4.2)$$

其中，$n_\mathrm{b} = n_\mathrm{p} - \dfrac{\lambda_\mathrm{p}}{\lambda_\mathrm{p} - \lambda_\mathrm{s}}(n_\mathrm{p} - n_\mathrm{s})$，$\lambda_\mathrm{b} = \left(\dfrac{1}{\lambda_\mathrm{p}} - \dfrac{1}{\lambda_\mathrm{s}}\right)^{-1}$。$\lambda_\mathrm{b}$为泵浦光和信号光形成的拍频光波长[2]，$n_\mathrm{b}$则为该拍频光在晶体中的相应折射率系数。显然，此时拍频光波长与太赫兹光波长相等。从式(4.2)中可以看出，只要太赫兹光在晶体中的折射率与拍频光在晶体中的折射率相等，式(4.1)将严格成立，晶体就满足三波相位匹配条件。式(4.2)的物理意义在于把三波相互作用等效转化为两波之间的相互作用，亦即实际太赫兹波辐射的功率来源于拍频光波向太赫兹光波功率之间的转换。定义相干长度$L_\mathrm{c}$

$$L_\mathrm{c} = \frac{\pi}{\Delta k} = \frac{\pi}{2}\lambda_\mathrm{T}/(n_\mathrm{b} - n_\mathrm{T}) \qquad (4.3)$$

它反映了晶体拍频光折射率与太赫兹光折射率之间的差异性。当完全相位匹配时($\Delta k = 0$)，相干长度趋向无穷大。事实上，只要相干长度数值足够大(毫米量级)，大于实际晶体长度，就满足产生高功率太赫兹光共线差频辐射的必要条件。

## 4.2　各向同性晶体室温共线太赫兹共线差频实验

### 4.2.1　差频泵浦源介绍

我们选择单纵模Nd∶YAG 1 064 nm激光器和商用最窄线宽的OPO光学参量振荡器作为光学差频的泵浦源，因此在理论上产生的太赫兹波辐射具有极窄的频率线宽。

图4.1是单纵模Nd∶YAG 1 064 nm激光器工作光路图，它采用种子脉冲注入减小建立时间(BUTR)来实现单纵模输出。由于注入单纵模种子光的光强远大于量子噪声起振引起的其他轴向模式，因而可以将脉冲建立时间减小至7.8 ns左右(如图4.2所示)，提前出现振荡输出，同时抑制其他纵向模式，实现1 064 nm的单纵模输出。从振荡级耦合输出的激光经过功率放大后其能量为1 200 mJ，脉冲宽度7.8 ns，重复频率10 Hz。通过第一块KTP晶体倍频和第二块KTP晶体和频后产生355 nm脉冲光束泵浦OPO产生宽波段连续可调谐的近红外辐射，我们

将非线性转换剩余的 1 064 nm 激光能量衰减后用作差频产生的一束泵浦光,其脉冲参数如下:脉冲线宽小于 0.003 cm$^{-1}$,脉冲时间 7.8 ns,水平偏振,重复频率 10 Hz,输出光斑直径约 8 mm。

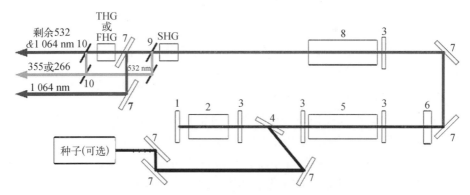

图 4.1　单纵模 Nd∶YAG 1 064 nm 激光器光路图

1. 平面镜;2. Pockels 池;3. 四分之一波片;4. 偏振器;5. 灯管;6. 输出耦合器;7. 45°反射镜;8. 灯管;9. 532 nm 三色镜;10. 355 nm 二色镜。

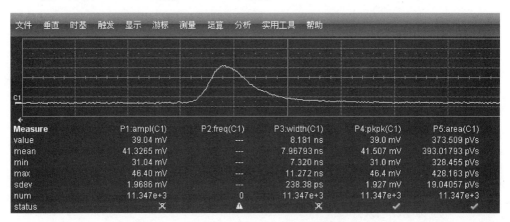

图 4.2　1 064 nm 脉冲激光脉冲时间波形稳定性

光学参量振荡器 OPO(图 4.3 所示)采用 Littman 光栅腔结构来实现 OPO 的窄线宽调谐,为了防止打坏光栅,振荡级的泵浦能量被限制在 45 mJ 以下,这也是 OPO 需要单纵模 Nd∶YAG 激光器泵浦的原因之一,否则,多纵模激光的空间热斑很容易损坏光栅表面。用一对角度相向调谐的 BBO 晶体实现功率放大,这样可以消除调谐过程中参量光空间位置的偏移。从光栅腔耦合输出的信号光和经延迟后的 160 mJ 355 nm 泵浦光在 BBO 晶体中发生参量放大过程,输出的参量光最后被一个双色镜分光后,其闲频光在 790～1 280 nm 范围内可以连续调谐,输出能量约 10 mJ,脉冲宽度 3.8 ns,线宽小于 0.075 cm$^{-1}$,重复频率 10 Hz。我们将利用 1 064 nm 附近的闲频光输出作为太赫兹共线差频实验中的另一束泵浦光。

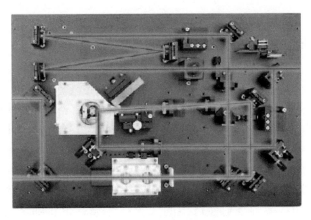

图 4.3　窄线宽 OPO 实物图

## 4.2.2　各向同性晶体太赫兹共线差频实验光路图

图 4.4 为各向同性晶体太赫兹共线差频实验光路图。我们利用 Nd∶YAG 1 064 nm 纳秒脉冲高功率激光作为各向同性晶体共线差频的泵浦光,其三倍频泵浦产生的波长连续可调谐参量振荡源(OPO)作为差频实验的信号光。实验中所使用的激光功率参数如下。1 064 nm 激光:光斑直径 3 mm,功率 35 mw;可调谐参量振荡源(OPO):波长调谐范围 1 048～1 080 nm,光斑直径 3.5 mm,泵浦功率 30 mw。1 064 nm 激光经反射镜、滤光片、半波片、偏振片后,水平偏振地透过孔径光阑垂直入射到各向同性晶体中;OPO 输出信号光束经反射镜、半波片、偏振片后,垂直偏振地入射到晶体中。这两束激光光束在空间上由偏振分束棱镜调成完全重合,在时间上也由额外的延迟光路调成完全同步。实验中产生的太赫兹光信号经抛物面镜反射收集,最终被液氦制冷硅微测辐射热计探测所得,而原光路中的近红外激光信号则被锗镜、聚乙烯镜反射和吸收。

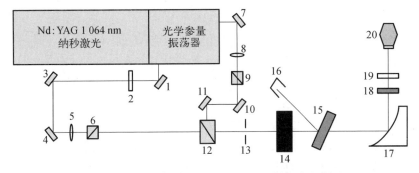

图 4.4　各向同性晶体太赫兹共线差频实验光路图

1,3,4,7,10,11. 激光反射镜;2. 滤光片;5,8. 半波片;6,9. 偏振片;12. 偏振分光棱镜;13. 孔径光阑;14. 各向同性晶体(GaP 或 CdTe);15,18. 锗镜;16. 光吸收器;17. 镀金离轴抛物面镜;19. 聚乙烯窗口片;20. 液氦硅测辐射热计。

## 4.3 基于碲化镉晶体室温太赫兹共线差频研究

碲化镉晶体是Ⅱ-Ⅵ族各向同性半导体,属于闪锌矿结构,透明波段为 0.85~30 μm,具有较大的二阶非线性光学系数 $d_{14}$(109 pm/V)。理论计算表明[3]:碲化镉晶体在 1 064 nm 波段附近具有较大的晶体相干长度,其数值在 1 THz 时为 3.6 mm,0.3 THz 时达到 35 mm;同时该材料在太赫兹光波段具有相对较小的吸收系数,1 THz 以下约为 5 $cm^{-1}$。在晶体长度远小于相干长度时,其三波相位匹配条件得以满足,此时碲化镉晶体将辐射出高功率的太赫兹光信号。当改变可调谐激光光子频率时,差频辐射所产生的太赫兹光频率也将随之发生变化。因此,其太赫兹光频率的准连续调谐实现方式不再需要通过转动共线入射光束与晶体的方位角来实现,只需要改变可调谐激光输出光子频率。下面我们对碲化镉晶体在 1 064 nm 纳秒激光及其近红外 OPO 泵浦下,对其太赫兹共线差频实验进行理论研究。

### 4.3.1 碲化镉晶体太赫兹共线差频辐射理论分析

碲化镉晶体在近红外处的折射率系数可由 Sellmeier 方程[4]给出

$$n^2 = A + \frac{B\lambda^2}{\lambda^2 - C^2} \tag{4.4}$$

式中系数 $A = 5.68$,$B = 1.53$,$C^2 = 0.366 \ \mu m^2$。

在太赫兹波段,折射率系数 $n$ 以及消光系数 $k$ 可由横向光学声子振动吸收决定[5]

$$(n + ik)^2 = \varepsilon_\infty + \frac{\rho \nu_{TO}^2}{\nu_{TO}^2 - \nu^2 - i\gamma\nu} \tag{4.5}$$

式中具体参数为:$\varepsilon_\infty = 7.5$,$\rho = 2.8$,$\nu_{TO} = 141 \ cm^{-1}$,$\gamma = 6.63 \ cm^{-1}$。

结合上述方程,我们计算了碲化镉晶体在 1 064 nm 附近波长激光共线差频作用时,晶体相干长度随太赫兹光波长之间的函数关系,如图 4.5 所示。从图中可以看出,碲化镉晶体在 1 064 nm 两侧具有非常大的晶体相干长度。当 OPO 入射波长大于 1 064 nm 时,晶体最大相干长度约为 140 mm;当 OPO 入射光波长小于 1 064 nm 时,晶体最大相干长度约为 800 mm。

但是,在碲化镉晶体太赫兹波段的相干长度计算过程中,若是使用碲化镉晶体经太赫兹时域光谱分析所得太赫兹折射率及吸收系数等数据[3],此时碲化镉晶体太赫兹波段相干长度在数值上将小于理论计算公式[式(4.5)]所得(如图 4.6 所示)。从 4.6 图中可以看出,在 OPO 波长大于或小于 1 064 nm 两侧碲化镉晶体都具有厘米量级的相干长度,均满足高功率太赫兹共线差频产生的必要条件。关于实际计算值比理论公式计算偏低的原因,我们认为公式(4.5)只近似考虑主要吸收

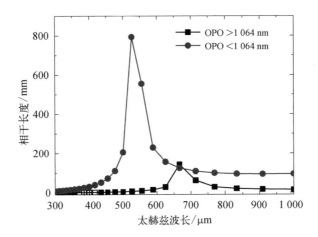

图 4.5　碲化镉晶体在 1 064 nm 附近相干长度随太赫兹波长的函数关系

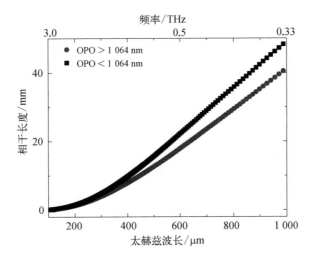

图 4.6　碲化镉晶体在 1 064 nm 附近相干长度随太赫兹波长的函数关系

峰的影响而忽略了其他声子吸收峰对晶格复介电常数的影响。

在平面波近似下,根据第 2 章理论推导的差频作用下太赫兹光辐射功率[6],我们理论计算了信号光波长在 1 064 nm 两侧时 1 mm 碲化镉晶体共线差频所辐射出的太赫兹光功率强度光谱分布图,如图 4.7 所示。由图所知,晶体辐射波长范围为 150～960 μm,峰值功率位于 280 μm(约 1.1 THz)处。在计算过程中,我们分别对信号光波长大于 1 064 nm 和小于 1 064 nm 两个区域进行计算,但得到相同结果。该结果表明,虽然该晶体相干长度在信号光波长小于 1 064 nm 一侧具有非常大的晶体相干长度,但是由于碲化镉晶体在太赫兹波段具有较大的吸收系数,在这一波段整体不表现出更强的太赫兹波辐射。

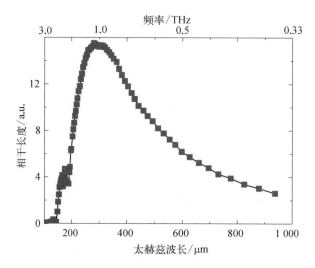

图 4.7 理论计算 1 mm 碲化镉晶体辐射太赫兹光功率光谱

## 4.3.2 碲化镉晶体太赫兹共线差频辐射实验结果及分析

在碲化镉晶体太赫兹共线差频实验中,我们发现 OPO 输出激光波长在 1 064 nm 两侧均能产生高功率、宽波段的太赫兹光辐射,总的波长调谐范围为 104.1~458.2 $\mu$m(0.65~2.88 THz),最高峰值功率 0.25 W,位于 1.5 THz 处[脉冲波形由液氦测辐射热计探测所得,如图 4.8(a)所示],线宽优于 0.08 $cm^{-1}$。当 OPO 输出激光波长大于 1 064 nm 时,晶体辐射产生的太赫兹光调谐范围为 104.1~323.7 $\mu$m(0.93~2.88 THz)(对应 OPO 输出波长 1 067.7~1 075.1 nm);当 OPO 输出激光波长小于 1 064 nm 时,晶体辐射产生的太赫兹光波长范围为 112.8~458.2 $\mu$m(0.65~2.66 THz)(对应 OPO 输出波长 1 054.2~1 061.7 nm)。在该

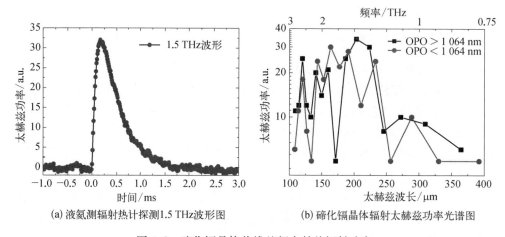

(a) 液氦测辐射热计探测1.5 THz波形图　　(b) 碲化镉晶体辐射太赫兹功率光谱图

图 4.8 碲化镉晶体共线差频太赫兹辐射功率

实验中,我们发现碲化镉晶体辐射太赫兹光功率在OPO波长在1 064 nm两侧近似相等,这与我们理论计算结果相符合。实验测得太赫兹峰值功率处波长与理论计算存有一定的偏差,主要由于理论公式(5.5)未考虑碲化镉晶体在太赫兹波段其他相对弱小的吸收峰(如2.1 THz,7.4 THz,8.6 THz)[7],以及空气中水汽分子的太赫兹"指纹谱线"吸收、光斑功率密度分布的非均匀性、OPO信号光波长采样间距的非精细性和实际激光光源功率的抖动性(其中OPO功率稳定为±2%,脉冲时间稳定性±1%)等众多因素造成的。图4.8(b)中部分数据振荡一方面基于太赫兹光在晶体前后表面的干涉,另一方面则来自空气中的水汽强吸收。

## 4.4 基于磷化镓晶体室温共线太赫兹差频实验研究

各向同性Ⅲ-Ⅴ族间接跃迁半导体材料磷化镓($E_g \sim 2.26$ eV),属于闪锌矿结构,空间群为T24m,透明光谱波段为0.55~1.6 μm,具有较大的二阶非线性光学系数$d_{14}$(75 pm/V)[8]和较小的双光子吸收系数(近红外处晶体双光子吸收系数远小于GaAs)。

由于磷化镓材料为各向同性半导体,在晶体内部没有"o"光、"e"光之分,不可能像双折射材料一样严格满足共线相位匹配条件。因此,早期关于磷化镓太赫兹光差频的研究工作,基本上局限于非共线相位匹配[8~12]领域。然而,由于磷化镓晶体在1 064 nm附近波长区域有较大的晶体相干长度,满足共线差频产生高功率太赫兹光的辐射条件[13~15],近来也被人们所关注。除此以外,准相位匹配方式在磷化镓太赫兹共线差频实验中也取得很好的实验进展[11, 16]。准相位匹配具体是指采用多片非常薄的晶圆晶面反向叠加压片而成,形成具有正负周期反转的二阶非线性光学常数阵列[16]。该相位匹配模式产生的最高脉冲太赫兹峰值功率为kW量级,但是由于缺乏成熟的压片工艺设备,还不能实现该材料的大规模商业化生产。

我们首先对本征磷化镓晶体太赫兹共线差频实验进行理论分析。

### 4.4.1 本征磷化镓晶体太赫兹共线差频辐射理论分析

磷化镓晶体在近红外处的折射率系数可由Sellmeier方程[17]给出

$$n^2 = A + \frac{B}{1-(C/\lambda^2)} + \frac{D}{1-(E/\lambda^2)} \quad (4.6)$$

式中系数$A = 4.170\,5$,$B = 4.911\,3$,$C = 0.117\,4$,$D = 1.992\,8$,$E = 756.46$。在太赫兹波段,折射率系数$n$可由横向光学声子[18]振动吸收决定

$$(n + i\kappa)^2 = \varepsilon_\infty + \frac{\rho \nu_{TO}^2}{\nu_{TO}^2 - \nu^2 - i\gamma\nu} \quad (4.7)$$

其中具体参数为：$\varepsilon_\infty = 9.07$，$\rho = 1.945$，$\nu_{TO} = 367\ cm^{-1}$，$\gamma = 9.0\ cm^{-1}$。

结合上述方程,我们计算了磷化镓晶体在 1 064 nm 附近波长激光共线差频作用时,晶体相干长度随太赫兹光波长之间的函数关系,如图 4.9 所示。我们分别讨论信号光波长在大于 1 064 nm 和小于 1 064 nm 时的晶体相干长度随太赫兹波长的变化关系。从图 4.9 中可以看出,在这两区域磷化镓晶体都具有毫米量级的相干长度,满足高功率太赫兹共线差频产生的必要条件。此外,在信号光波长小于 1 064 nm 一侧产生的相干长度比另外一侧要略大,这表明在此区域产生的太赫兹光功率将比另外一侧略大。

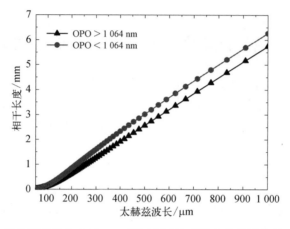

图 4.9　磷化镓晶体在 1 064 nm 附近相干长度随太赫兹波长的函数关系

根据在平面波近似下共线差频辐射产生的太赫兹光波功率理论公式,我们计算了在信号光波长大于 1 064 nm 时磷化镓晶体长度分别为 0.1 cm、0.2 cm、0.5 cm 及 1 cm 条件下共线差频所辐射出的太赫兹光功率强度光谱分布图,如图

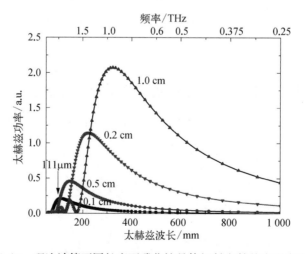

图 4.10　理论计算不同长度下磷化镓晶体辐射太赫兹光强度光谱

4.10所示。由图可知,在相同的入射激光功率下,晶体长度越大,晶体所辐射的太赫兹光功率将增大,且产生的太赫兹光最高峰值功率波长具有明显的红移规律。因此改变磷化镓晶体长度,我们可以实现一系列覆盖 3 THz 以下高功率宽波段的太赫兹辐射源[8]。

### 4.4.2 磷化镓晶体太赫兹共线差频辐射实验结果及分析

实验发现,OPO 输出激光波长在 1 064 nm 两侧均能产生高功率、宽波段的太赫兹光辐射,总的波长调谐范围为 95.9~773.4 μm(0.39~3.13 THz),最高峰值功率 7 W 位于 2.0 THz 处[脉冲波形由液氦微测辐射热计探测所得,如图 4.11(a)所示]。当 OPO 输出激光波长大于 1 064 nm 时,晶体辐射产生的太赫兹光调谐范围为 95.9~444.2 μm(对应 OPO 输出波长 1 067~1 076.4 nm),其最高峰值功率 1 W 位于 152.5 μm(约 2.0 THz)处。当 OPO 输出激光波长小于 1 064 nm 时,晶体辐射产生的太赫兹光波长范围为 107.3~773.4 μm(对应 OPO 输出波长 1 054~1 063 nm),其最高峰值功率 7 W 位于 150.2 μm(2.0 THz)处。在该实验中,我们发现磷化镓晶体辐射太赫兹光功率在 OPO 波长小于 1 064 nm 处要比另外一侧高 7 倍。我们认为这是由于磷化镓晶体在该区域具有更大的晶体相干长度,OPO 激光在该区域作为泵浦光时具有更高的功率密度,以及实验上两光斑的非完全重合性等因素造成的。其次,理论计算 1 mm 磷化镓晶体共线差频产生的太赫兹光最大峰值功率位于波长 111 μm(2.7 THz),与实验结果 2.0 THz 略有偏差。我们认为该偏差主要未考虑到实际空气中水汽分子的太赫兹"指纹谱线"吸收[19],光斑功率密度分布的非均匀性,OPO 信号光波长采样间距的非精细性以及实际激光光源功率的抖动性(其中 OPO 功率稳定为±2%,脉冲时间稳定性±1%)。图 4.11(b)中部分数据振荡一方面基于太赫兹光在晶体前后表面的干涉,另一方面则来自空气中的水汽强吸收。

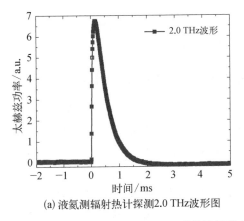

(a) 液氦测辐射热计探测2.0 THz波形图

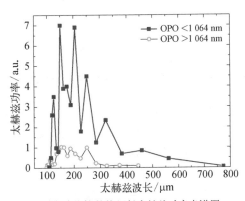

(b) 磷化镓晶体辐射太赫兹功率光谱图

图 4.11 磷化镓晶体共线差频太赫兹辐射功率

## 4.5 基于 n 型磷化镓晶体变温共线太赫兹差频实验

在磷化镓晶体太赫兹共线差频实验中,要求晶体必须为本征未掺杂材料,即晶体在太赫兹波段具有较小的吸收系数。然而在实际中,较高质量的磷化镓晶体材料较难生长获得(即使实验所用晶体来源于同一厂家,该晶体在实际太赫兹共线差频实验时所辐射的太赫兹功率也会有较大的差异性)。因此,我们研究基于磷化镓晶体的变温太赫兹共线差频实验,希望通过降低晶体温度减小吸收系数,从而提高太赫兹差频辐射功率和降低对太赫兹共线差频晶体质量的要求。

### 4.5.1 n 型磷化镓晶体变温太赫兹共线差频实验光学系统

我们在实验上建立一套基于 n 型 GaP 晶体太赫兹变温共线差频产生的太赫兹辐射源,其系统光路图如图 4.12 所示。该系统是在磷化镓晶体太赫兹共线差频辐射系统基础上改进而成,主要是增加一套晶体变温装置,其他部分均没有变化。因此,对该光路系统就不再详细介绍。在 n 型磷化镓晶体变温太赫兹共线差频实验中,我们使用两块不同长度(0.5 mm 和 1 mm)的磷化镓晶体进行研究,并且分别选择三个不同的晶体温度值(300 K、150 K、70 K)进行对照研究。实验中 OPO 信号光波长调节范围为 1 052~1 077 nm,其调谐精度为 0.1 nm。

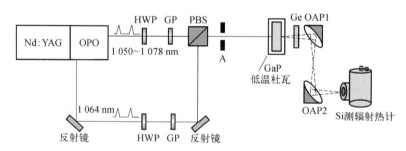

图 4.12　变温 n 型 GaP 晶体太赫兹共线差频源的系统光路图
HWP:半波片;GP:格兰棱镜;PBS:分束器;OAP1 和 OAP2:离轴抛物面镜;A:小孔光阑。

### 4.5.2 n 型磷化镓晶体变温太赫兹共线差频实验结果及分析

我们在 OPO 入射激光波长在 1 064 nm 两侧均观察到宽波段的太赫兹波相干辐射,这与本征磷化镓晶体室温太赫兹共线差频实验现象相一致。对于 0.5 mm 磷化镓晶体长度,我们在实验上观察到太赫兹辐射功率在不同温度下随 OPO 入射信号光波长的变化关系,如图 4.13 所示。从该图中可以看出,当温度为 300 K 时,由于晶体对差频产生的太赫兹光具有较强的吸收,向外辐射的太赫兹光功率非常弱;而当温度降至 70 K 液氮温度时,自由载流子对太赫兹光的吸收急剧减小,此时晶体向外辐射的太赫兹光功率最大。而且实验中还观察到,晶体在温度为 70 K 时

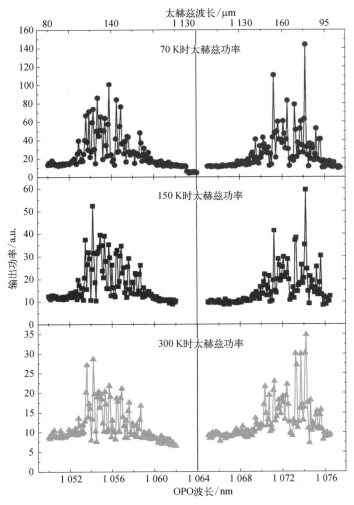

图 4.13  0.5 mm 磷化镓晶体变温太赫兹辐射功率随 OPO 波长的变化规律

所辐射的太赫兹光峰值功率比 300 K 时提高约 5 倍。图 4.14 为 0.5 mm 晶体辐射太赫兹波功率与辐射太赫兹光波长之间的关系,其辐射频率范围为 1~3 THz。从该图中可以清晰地看出,虽然在相同的晶体温度条件下,晶体在这两个不同的 OPO 波段差频辐射的太赫兹波频率范围基本一致,但是其太赫兹辐射功率光谱差异性较大。另外,当温度较高时,晶体辐射的太赫兹频率范围较窄;随着晶体温度的降低,其太赫兹光辐射频率范围将逐渐变宽。

当所用晶体长度为 1 mm 时,我们也得到类似的实验结果。图 4.15 为 1 mm n 型磷化镓晶体在不同温度条件下太赫兹光辐射功率随 OPO 入射信号光波长的调谐曲线。从图中可以看出,该晶体辐射频率范围与 0.5 mm 的晶体辐射范围差不多,并且其辐射功率光谱特性也类似,但是其辐射峰值功率数值约为 0.5 mm 晶体辐射峰值功率的 2 倍。图 4.16 给出其相应的辐射太赫兹波功率光谱分布。

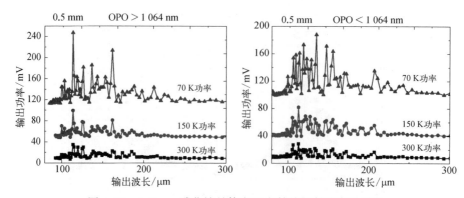

图 4.14　0.5 mm 磷化镓晶体变温太赫兹辐射功率光谱图

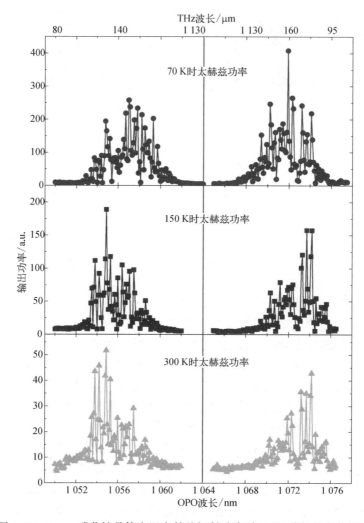

图 4.15　1 mm 磷化镓晶体变温太赫兹辐射功率随 OPO 波长的变化规律

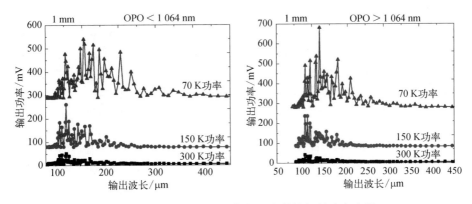

图 4.16 1 mm 磷化镓晶体变温太赫兹辐射功率光谱

## 参 考 文 献

[1] Pradarutti B, Matthaus G, Riehemann S, et al. Highly efficient terahertz electro-optic sampling by material optimization at 1060 nm. Optics Communications, 2008, 281(19): 5031-5035.

[2] Sun B, Yao J Q, Zhang B G, et al. Theoretical study of phase-matching properties for tunable terahertz-wave generation in isotropic nonlinear crystals. Optoelectronics letters, 2007, 56(3): 0512-0516.

[3] Huang J G, Wang B B, Lu J X, et al. Quasi-Phase Matching Analysis of the Terahertz Generation in CdTe Pumped by 1064 nm ns Laser. SPIE, 2011, 8195(1): 231-240.

[4] Palik E D. Handbook of Optical Constants of Solids I. San Diego: Academic Press, 1998, 410.

[5] Palik E D. Handbook of Optical Constants of Solids I. San Diego: Academic Press, 1998, 411.

[6] Shen Y R. Nonlinear Infrared Generation. New York: Springer, 1977, 28.

[7] Bottger G L, Geddes A L. Infrared Absorption Spectrum of CdTe. Journal of Chemical Physics, 1967, 47(11), 4858-4859.

[8] Saito K, Tanabe T, Oyama Y, et al. Terahertz-wave absorption in GaP crystals with different carrier densities. Journal of Physics and Chemistry of Solids, 2008, 69(2-3): 597-600.

[9] Nishizawa J, Suto K, Sasaki T, et al. GaP Raman Terahertz high accuracy spectrometer and its application to detect organic and inorganic crystalline defects. Proceedings of the Japan Academy Series B-Physical and Biological Sciences, 2006, 82: 353.

[10] Aleshkin V Y, Antonov A A, Gaponov S V, et al. Tunable source of terahertz radiation based on the difference-frequency generation in a GaP crystal, JETP Lett, 2008, 88(12): 787-789.

[11] Ding Y J, Jiang Y, Zotova I B. Power scaling of widely-tunable monochromatic terahertz radiation by stacking high-resistivity GaP plates. Applied Physics Letters, 2010, 96:

031101-031101-3.

[12] Ragam S, Tanabe T, Saito K, et al. Enhancement of CW THz Wave Power Under Noncollinear Phase-Matching Conditions in Difference Frequency Generation. Journal of Lightwave Technology, 2009, 27(15): 3057-3061.

[13] Ding Y J. High-power tunable terahenz sources based on parametric processes and applications, IEEE Journal of Selected topics in Quantum Electronics, 2007, 13(3): 705-720.

[14] Taniuchi T, Nakanishi H. Collinear phase-matched terahertz-wave generation in GaP crystal using a dual-wavelength optical parametric oscillator. Journal of Applied Physics, 2004, 95(12): 7588-7591.

[15] Ding Y J, Shi W. Efficient THz generation and frequency upconversion in GaP crystals. Solid State Electron, 2006, 50(6): 1128-1136.

[16] Tomita I, Suzuki H, Rungsawang R, et al. Analysis of power enhancement of terahertz waves in periodically inverted GaP pumped at 1.55 $\mu$m. Physica Status Solidi A, 2007, 204(4): 1221-1226.

[17] Madarasz F L, Dimmock J O, Dietz N, Bachmann K J. Sellmeier parameters for ZnGaP2 and GaP. Journal of Applied Physics, 2000, 87(3): 1564-1565.

[18] Palik E D. Handbook of Optical Constants of Solids (Vol. III). San Dicgo: Academic Press, 1998. 32-40.

[19] 黄敬国,陆金星,周炜,等.磷化镓高功率太赫兹共线差频源的研究.物理学报,2013, 62(12): 12704.

# 第 5 章

# 相位失配与材料吸收对太赫兹差频功率的影响

根据 2.2 节的结论,在非线性光学差频过程中相位失配和材料吸收会降低差频转换的效率。在基于 GaSe 晶体的差频产生太赫兹波的实验研究中,已有的报道结果存在较大差别,美国 Lehigh 大学的 Y. J. Ding 等采用 Nd∶YAG 激光器和 OPO 组成的泵浦光源使用不同光轴长度的 GaSe 进行非线性差频产生太赫兹波[1-3],其中使用 47 mm 长 GaSe 晶体时获得了 66.5~5 660 μm 范围的宽可调谐太赫兹波输出,光子转换效率 0.1%[3];而日本东北大学 T. Tanabe 等人使用 2 mm GaSe 差频只获得了峰值功率 15 mW 左右的实验结果[4];国防科技大学的张栋文选用 0.5 mm、2.4 mm、8 mm 光轴长度的 GaSe 进行实验,获得了峰值功率 17.3 W(3.07 THz)的太赫兹波(2.4 mm 光轴长度),同时发现光轴长度为 0.5 mm 的实验结果要优于光轴长度为 8 mm 的,从而得到晶体长度不一定要很长的结论[5]。可以看出,GaSe 晶体非常适合用于光学差频产生太赫兹波,但同时也可以发现,实验结果相差非常大,主要认为是由于各组实验所使用的 GaSe 晶体质量不同,在太赫兹波段的吸收系数相差非常大所致。

因此需要从理论上仔细分析太赫兹差频产生中相位失配、材料吸收的影响,计算不同情况下的晶体最佳长度值和相应的太赫兹最大功率。本章我们以 GaSe 晶体 Ⅰ 类"oee"共线方式差频产生太赫兹波为例,研究分析相位失配与材料吸收在差频过程中的影响。研究结果表明,材料吸收限定了晶体的最佳长度,更长的晶体并不一定产生更大的太赫兹差频功率,相位失配对入射角度非常灵敏,会进一步降低太赫兹差频功率。提出确定最佳晶体长度的方法,计算不同情况下的晶体最佳长度值、所对应的太赫兹波相对最大功率以及角度失配对于相位失配的影响,为差频产生太赫兹波的实验提供理论设计基础和实验参数依据。

## 5.1 实验模型

设两路进行非线性光学作用的泵浦波波长分别为 $\lambda_1$、$\lambda_2$，差频产生的太赫兹波波长为 $\lambda_3$。这里取 $\lambda_1 = 1.06415\ \mu m$（Nd：YAG 激光器波长），$\lambda_2 = 1.0060 \sim 1.0834\ \mu m$ 连续可调。则由能量守恒定理 $1/\lambda_1 - 1/\lambda_2 = 1/\lambda_3$ 可知，$\lambda_3$ 在 $60 \sim 600\ \mu m$ 范围内。使用 I 类"oee"共线相位匹配方式配置，即相对于 GaSe 光轴（$z$ 轴），$\lambda_1$ 波长激光取 o 偏振方向，$\lambda_2$ 波长激光取 e 偏振方向，生成的太赫兹波 $\lambda_3$ 为 e 偏振方向（注：通过计算，使用 GaSe 晶体"oee"共线匹配方式不能产生频率大于 6 THz 的差频信号），如图 5.1 所示。

由 2.1.3 节得到的差频产生太赫兹波功率 $P_3$ 计算公式(2.22)（这里改用波长表示，式中参数说明同 2.1.3 节）

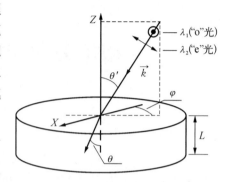

图 5.1 使用 GaSe 晶体进行非线性光学差频作用示意图

$$P_3 = \frac{1}{2}\left(\frac{\mu_0}{\varepsilon_0}\right)^{\frac{1}{2}} \frac{4\pi^2 (2d_{\text{eff}})^2 L^2}{n_1 n_2 n_3 \lambda_3^2} \left(\frac{P_1 P_2}{A}\right) T_1 T_2 T_3 e^{-\alpha_3 L}$$

$$\cdot \frac{1 + e^{-\Delta\alpha \cdot L} - 2e^{-\frac{1}{2}\Delta\alpha \cdot L} \cdot \cos(\Delta k \cdot L)}{(\Delta k \cdot L)^2 + \left(\frac{1}{2}\Delta\alpha \cdot L\right)^2} \quad (5.1)$$

当使用"oee"相位匹配时，式(5.1)中的有效非线性系数 $d_{\text{eff}} = d_{22}\cos^2\theta\cos 3\varphi$，$\theta$ 是相位匹配角，$\varphi$ 是方位角（为使 $d_{\text{eff}}$ 最大，$\varphi$ 取 $0°$）；$L$ 是沿波矢方向晶体长度（近似为沿光轴方向晶体长度），我们称使得 $P_3$ 最大的 $L$ 为最佳长度（或称有效长度）$L_f$。忽略走离效应。

接下来的 5.2~5.4 节，我们将从理想晶体到实际晶体分四种情况条件进行讨论。

## 5.2 相位匹配且无晶体吸收条件下的情形

当考虑相位匹配且晶体无吸收的条件时，即 $\Delta k = 0$，$\Delta\alpha = 0$（$\alpha_1 = \alpha_2 = \alpha_3 = 0$）的理想情况，式(5.1)变为

$$P_3 = \frac{1}{2}\left(\frac{\mu_0}{\varepsilon_0}\right)^{\frac{1}{2}} \frac{4\pi^2 (2d_{\text{eff}})^2}{n_1 n_2 n_3 \lambda_3^2} \left(\frac{P_1 P_2}{\pi r^2}\right) T_1 T_2 T_3 \cdot L^2 = G \cdot L^2 \quad (5.2)$$

其中，$G = \dfrac{1}{2}\left(\dfrac{\mu_0}{\varepsilon_0}\right)^{\frac{1}{2}} \dfrac{4\pi^2 (2d_{\text{eff}})^2}{n_1 n_2 n_3 \lambda_3^2} \left(\dfrac{P_1 P_2}{\pi r^2}\right) T_1 T_2 T_3$，对于选定的 $\lambda_3$ 和实验配置，$G$ 为一定值，本节下面讨论中，若无说明 $\lambda_3$ 取值变化，都是对于固定 $\lambda_3$ 值的分析结果。

式(5.2)说明，当相位匹配，且晶体对太赫兹波无吸收时，$P_3$ 的值与晶体长度 $L$ 的平方成正比，随着 $L$ 增加，$P_3$ 迅速增大。$L_f \to \infty$，表明当理想情况时，晶体长度越长越好。

## 5.3 相位匹配但有晶体吸收条件下的情形

当考虑相位匹配但晶体对太赫兹波有吸收的条件时，即 $\Delta k = 0$，$\Delta \alpha \neq 0$ 的情况，则式(5.1)变为

$$P_3 = \dfrac{1}{2}\left(\dfrac{\mu_0}{\varepsilon_0}\right)^{\frac{1}{2}} \dfrac{4\pi^2 (2d_{\text{eff}})^2}{n_1 n_2 n_3 \lambda_3^2} \left(\dfrac{P_1 P_2}{\pi r^2}\right) T_1 T_2 T_3 \cdot L^2 \cdot e^{-\alpha_3 L} \cdot \dfrac{1 + e^{-\Delta \alpha \cdot L} - 2e^{-\frac{1}{2}\Delta \alpha \cdot L}}{\left(\dfrac{1}{2}\Delta \alpha \cdot L\right)^2}$$

$$= G \cdot e^{-\alpha_3 L} \cdot 4\dfrac{(1 - e^{-\frac{1}{2}\Delta \alpha L})^2}{\Delta \alpha^2} \tag{5.3}$$

对式(5.3)求偏导并令其等于 0，即 $\dfrac{\partial P_3}{\partial L} = 0$ 得出 $(\Delta \alpha + \alpha_3) \cdot e^{-\frac{1}{2}\Delta \alpha L} - \alpha_3 = 0$，可得极值点

$$L_f = L = -\dfrac{2}{\Delta \alpha} \ln \dfrac{\alpha_3}{\Delta \alpha + \alpha_3} \tag{5.4}$$

将式(5.4)代入式(5.3)，可得 $P_3$ 极大值

$$P_3^{\max} = G \cdot \left(\dfrac{\alpha_3}{\Delta \alpha + \alpha_3}\right)^{\frac{2\alpha_3}{\Delta \alpha}} \cdot \dfrac{4}{(\Delta \alpha + \alpha_3)^2} \tag{5.5}$$

对于 GaSe 材料，波长在 1 μm 左右的吸收系数可取 $\alpha_1$，$\alpha_2 = 0.1\ \text{cm}^{-1}$，而 $\alpha_3$ 在 0.5~6 THz 之间随晶体质量变化而变化，不同公司生产的 GaSe 晶体的吸收系数也相差明显，从 $0.1\ \text{cm}^{-1}$ 至 $35\ \text{cm}^{-1}$，所得到的实验结果也相差很大[1, 4-5]。这里取 $\alpha_3 = 1 \sim 30\ \text{cm}^{-1}$ 计算，根据式(5.4)和式(5.5)得到 $L_f$、$P_3^{\max}$ 与 $\alpha_3$ 的关系如图 5.2 和图 5.3 所示。

图 5.4 是当 $\alpha_3 = 2, 4, 6, 8, 10, 15, 20, 30\ \text{cm}^{-1}$ 时的 $P_3$ 与 $L$ 在不同 $\alpha_3$ 时的关系图，表 5.1 是具体的 $L_f$ 和 $P_3^{\max}$ 值。

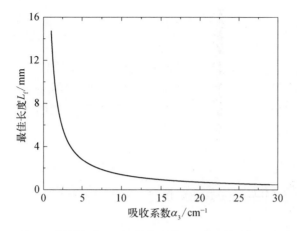

图 5.2 最佳长度 $L_f$ 与吸收系数 $\alpha_3$ 关系图（$\Delta k = 0$）

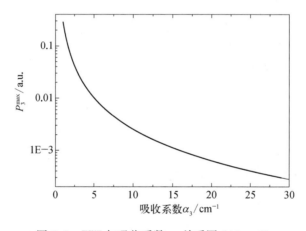

图 5.3 $P_3^{\max}$ 与吸收系数 $\alpha_3$ 关系图（$\Delta k = 0$）

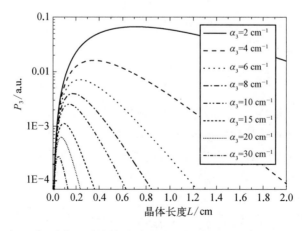

图 5.4 $P_3$ 与 $L$ 在不同 $\alpha_3$ 时的关系图（$\alpha_3 = 2, 4, 6, 8, 10, 15, 20, 30 \text{ cm}^{-1}$）

表 5.1　当 $\alpha_3 = 2, 4, 6, 8, 10, 15, 20, 30 \text{ cm}^{-1}$ 时的具体 $L_f$ 和 $P_3^{\max}$ 值

| $\alpha_3/\text{cm}^{-1}$ | 2 | 4 | 6 | 8 | 10 | 15 | 20 | 30 |
|---|---|---|---|---|---|---|---|---|
| $L_f/\text{cm}$ | 0.713 | 0.352 | 0.233 | 0.174 | 0.140 | 0.093 | 0.070 | 0.046 |
| $P_3^{\max}/10^{-3}$ a.u. | 66.5 | 16.11 | 7.09 | 3.97 | 2.53 | 1.12 | 0.629 | 0.279 |

结合图 5.2、图 5.3 和图 5.4 可以看出，随着 $\alpha_3$ 的增大，$L_f$ 减小，同时 $P_3^{\max}$ 也迅速减小，$\alpha_3$ 从 $2 \text{ cm}^{-1}$ 到 $20 \text{ cm}^{-1}$，$L_f$ 减小到 $1/10$，$P_3^{\max}$ 减小到 $1/100$；当 $L < L_f$ 时，$P_3$ 随着 $L$ 的增大而迅速增大，但当 $L > L_f$ 时，$P_3$ 开始减小，且 $\alpha_3$ 越大，$P_3$ 随 $L$ 增大减小的越快。

如图 5.4，当 $\alpha_3 = 6 \text{ cm}^{-1}$ 时，$L = L_f = 0.233 \text{ cm}$ 对应的 $P_3 = 7.09 \times 10^{-3}$ a.u.，当 $L = 0.05 \text{ cm}$ 时 $P_3 = 1.60 \times 10^{-3}$ a.u.，而当 $L = 0.8 \text{ cm}$ 时 $P_3$ 只有 $0.796 \times 10^{-3}$ a.u.，比 $L = 0.233 \text{ cm}$ 时要小 1 个数量级，且比 $L = 0.05 \text{ cm}$ 时的结果还要小，可见此时更长的 $L$ 所产生的增益已完全被材料吸收所抵消，更长的晶体并不一定产生更大的太赫兹功率。

从图 5.4 还可以看出，当 $\Delta k = 0$，$\Delta \alpha \neq 0$ 时，影响 $P_3$ 值的最主要因素是 $\alpha_3$，$\alpha_3$ 决定 $L_f$ 和 $P_3^{\max}$，同时也决定了当晶体长度 $L$ 偏离 $L_f$ 值 $\Delta L$ 时所对应的 $P_3$ 功率下降程度，所以在实验前，要详细测定材料的吸收系数，选用晶体质量更好吸收系数更小的晶体，同时将晶体长度 $L$ 确定在相对应的 $L_f$ 附近，从而获得最佳的 $P_3$ 值，即所差频产生的太赫兹波功率。

## 5.4　相位失配但无晶体吸收条件下的情形

当考虑相位失配但晶体对太赫兹波无吸收的条件时，即 $\Delta k \neq 0$，$\Delta \alpha = 0$（$\alpha_1 = \alpha_2 = \alpha_3 = 0$）的情况，根据第 2 章分析，在晶体无吸收情况时，$P_3$ 与 $\Delta k$ 的平方成反比，这样显然 $\Delta k$ 越小越好，但实验时由于操作精度、温度影响、激光波长漂移等因素造成 $\Delta k \neq 0$，所以需要估计下 $\Delta k$ 的大小范围，这里分析因与完全相位匹配角 $\theta_{\text{pm}}$（$\Delta k = 0$ 时的 $\theta$）产生偏差 $\Delta \theta$ 所造成的 $\Delta k$ 的变化影响。

由动量守恒 $\vec{k}_1 = \vec{k}_2 + \vec{k}_3$ 以及 I 类 "oee" 共线相位匹配方式，可得

$$\frac{1}{\lambda_1} n_o(\lambda_1) = \frac{1}{\lambda_2} \left[ \frac{\sin^2 \theta}{n_e^2(\lambda_2)} + \frac{\cos^2 \theta}{n_o^2(\lambda_2)} \right]^{-\frac{1}{2}} + \frac{1}{\lambda_3} \left[ \frac{\sin^2 \theta}{n_e^2(\lambda_3)} + \frac{\cos^2 \theta}{n_o^2(\lambda_3)} \right]^{-\frac{1}{2}}$$

(5.6)

结合 GaSe 在 $0.65 \sim 18 \ \mu\text{m}$ 之间的 Sellmeier 色散方程[6]

$$\begin{cases} n_o^2(\lambda) = 7.443 + \dfrac{0.4050}{\lambda^2} + \dfrac{0.0168}{\lambda^4} + \dfrac{0.0061}{\lambda^6} + \dfrac{3.1485\lambda^2}{\lambda^2 - 2194} \\ n_e^2(\lambda) = 5.760 + \dfrac{0.3879}{\lambda^2} - \dfrac{0.2288}{\lambda^4} + \dfrac{0.1223}{\lambda^6} + \dfrac{1.855\lambda^2}{\lambda^2 - 1780} \end{cases} \quad (5.7)$$

将 $\lambda_1$，$\lambda_2$，$\lambda_3$ 值代入式(5.6)，可得到相位匹配角 $\theta = \theta_{\text{pm}}$；又根据定义

$$\Delta k(\theta) = k_1 - k_2 - k_3 = 2\pi\left(\dfrac{n_1}{\lambda_1} - \dfrac{n_2}{\lambda_2} - \dfrac{n_3}{\lambda_3}\right)$$

$$= 2\pi\left(\dfrac{n_o(\lambda_1)}{\lambda_1} - \dfrac{1}{\lambda_2}\left[\dfrac{\sin^2\theta}{n_e^2(\lambda_2)} + \dfrac{\cos^2\theta}{n_o^2(\lambda_2)}\right]^{-\frac{1}{2}} - \dfrac{1}{\lambda_3}\left[\dfrac{\sin^2\theta}{n_e^2(\lambda_3)} + \dfrac{\cos^2\theta}{n_o^2(\lambda_3)}\right]^{-\frac{1}{2}}\right)$$

对 $\Delta k(\theta)$ 进行泰勒展开，取一级近似：$\Delta k(\theta) \approx \Delta k(\theta_{\text{pm}}) + \dfrac{\partial \Delta k(\theta)}{\partial \theta}\bigg|_{\theta=\theta_{\text{pm}}} \cdot (\theta - \theta_{\text{pm}})$，而 $\Delta k(\theta_{\text{pm}}) = 0$，所以可得

$$\Delta k(\theta) \approx \dfrac{\partial \Delta k(\theta)}{\partial \theta}\bigg|_{\theta=\theta_{\text{pm}}} \cdot (\theta - \theta_{\text{pm}}) = \rho \cdot \Delta\theta \quad (5.8)$$

在式(5.8)中，

$$\rho = \dfrac{\partial \Delta k(\theta)}{\partial \theta}\bigg|_{\theta=\theta_{\text{pm}}} = \pi\Bigg(\dfrac{1}{\lambda_2}\left[\dfrac{\sin^2\theta}{n_e^2(\lambda_2)} + \dfrac{\cos^2\theta}{n_o^2(\lambda_2)}\right]^{-\frac{3}{2}}$$

$$\cdot \sin(2\theta) \cdot \left(\dfrac{1}{n_e^2(\lambda_2)} - \dfrac{1}{n_o^2(\lambda_2)}\right) + \dfrac{1}{\lambda_3}\left[\dfrac{\sin^2\theta}{n_e^2(\lambda_3)} + \dfrac{\cos^2\theta}{n_o^2(\lambda_3)}\right]^{-\frac{3}{2}}$$

$$\cdot \sin(2\theta) \cdot \left(\dfrac{1}{n_e^2(\lambda_3)} - \dfrac{1}{n_o^2(\lambda_3)}\right)\Bigg)\bigg|_{\theta=\theta_{\text{pm}}} \quad (5.9)$$

为角度失配系数，$\Delta\theta = \theta - \theta_{\text{pm}}$ 为角度失配量。则由 $P_3 = G \cdot \dfrac{4}{\Delta k^2}$ 可得到

$$P_3 = G \cdot \dfrac{4}{\rho^2 \Delta\theta^2} \quad (5.10)$$

取 $\lambda_3 = 600 \sim 60\,\mu\text{m}$，结合式(5.6)和式(5.7)，得到相应的 $\lambda_2$ 和 $\theta_{\text{pm}}$ 值，代入式(5.9)，得到相应的 $\rho$ 值，结果如图 5.5 所示，图 5.6 是相位匹配角 $\theta_{\text{pm}}$ 与 $\lambda_3$ 的关系图，其中几个参考点（$\lambda_3 = 600, 300, 150, 100, 75, 60\,\mu\text{m}$）的结果如表 5.2 所示。

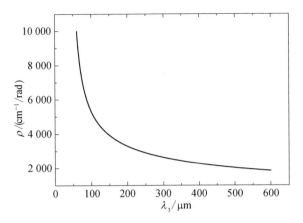

图 5.5　角度失配系数 $\rho$ 与太赫兹波长 $\lambda_3$ 的关系图

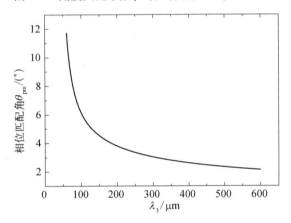

图 5.6　相位匹配角 $\theta_{pm}$ 与太赫兹波长 $\lambda_3$ 的关系图

表 5.2　$\lambda_3 = 600, 300, 150, 100, 75, 60\ \mu m$ 时的 $\rho$ 与 $\theta_{pm}$ 值

| $\lambda_1/\mu m$ | $\lambda_3/\mu m$ | $f_3/THz$ | $\lambda_2/\mu m$ | $\theta_{pm}/(°)$ | $\rho/(cm^{-1}/rad)$ |
|---|---|---|---|---|---|
| | 600 | 0.5 | 1.066 0 | 2.132 6 | 1 850.6 |
| | 300 | 1 | 1.067 9 | 3.035 2 | 2 631.8 |
| 1.064 15 | 150 | 2 | 1.071 8 | 4.530 4 | 3 920.9 |
| | 100 | 3 | 1.075 6 | 6.125 6 | 5 287.2 |
| | 75 | 4 | 1.079 5 | 8.244 0 | 7 084.0 |
| | 60 | 5 | 1.083 4 | 11.723 2 | 9 991.0 |

从图 5.5 可见，角度失配系数 $\rho$ 很大，则由式(5.8)可知 $\Delta k$ 对 $\Delta\theta$ 非常敏感，如当 $\lambda_3 = 300\ \mu m$ 时，$\rho = 2\,631.8\ cm^{-1}/rad$，$\Delta\theta = 0.1°$ 对应的 $\Delta k \approx 4.6\ cm^{-1}$，且随着 $\lambda_3$ 的减小，$\rho$ 也迅速增大；在 $\lambda_3 = 60\ \mu m$ 时，$\rho = 9\,991.0\ cm^{-1}/rad$，加大了在短波段的精度要求。根据式(5.10)，$P_3$ 与 $\Delta\theta$ 的平方成反比，$\Delta\theta = 1°$ 时的 $P_3$ 减小到 $\Delta\theta = 0.1°$ 时的 $1/100$，且 $\rho$ 更加放大了 $\Delta\theta$ 对 $P_3$ 的影响，这样对于 $\Delta\theta$ 的调节精

度要求相当高。对于确定的晶体和波长范围，$\rho$ 值是常数，所以在实验时，只能通过细微调整以及选择更好的角度调谐结构来减小 $\Delta\theta$，使得 $\theta$ 更接近 $\theta_{pm}$，从而减小 $\Delta k$ 来提高 $P_3$。

通常用"允许角"来衡量角度变化带来的功率下降，定义为 $P_3$ 功率下降至原来的 1/2 时的 $\Delta\theta$，不妨将式(5.1)改写成

$$P_3 = G \cdot L^2 \cdot \frac{\sin^2(\Delta k \cdot L/2)}{(\Delta k \cdot L/2)^2} \tag{5.11}$$

则允许角为 $\Delta k = 0.886 \dfrac{\pi}{L}$ 时（此时 $\dfrac{\sin^2(\Delta k \cdot L/2)}{(\Delta k \cdot L/2)^2} = 0.5$）的偏差角 $\Delta\theta$。对于"oee"匹配，由(5.8)、(5.9)式可以得到允许角 $\Delta\theta = |\Delta k/\rho|$，其他相位匹配类型的允许角计算公式也可以类似推导出，其近似公式可参见文献[7]。

## 5.5 相位失配并有晶体吸收条件下的情形

当考虑相位失配并且晶体对太赫兹波有吸收的条件时，即 $\Delta k \neq 0$，$\Delta\alpha \neq 0$ 的实际情况，则式(5.1)不变化

$$P_3 = G \cdot e^{-\alpha_3 L} \cdot \frac{1 + e^{-\Delta\alpha \cdot L} - 2e^{-\frac{1}{2}\Delta\alpha \cdot L} \cdot \cos(\Delta k \cdot L)}{(\Delta k)^2 + \left(\dfrac{1}{2}\Delta\alpha\right)^2} \tag{5.12}$$

对式(5.12)求偏导并令其等于 0，即

$$\frac{\partial P_3}{\partial L} = 0 \quad 2e^{-\frac{1}{2}\Delta\alpha L}\left[\left(\alpha_3 + \frac{1}{2}\Delta\alpha\right) \cdot \cos(\Delta k \cdot L) + \Delta k \cdot \sin(\Delta k \cdot L) - \frac{1}{2}(\alpha_3 + \Delta\alpha) \cdot e^{-\frac{1}{2}\Delta\alpha L}\right] = \alpha_3 \tag{5.13}$$

代入 $\alpha_3$ 和 $\Delta k$ 的值，使用二分法解式(5.12)中对应区间内 $L \neq 0$ 的解，即为 $L_f$。

利用 5.4 节结论，我们假设实验中的精度可以调整到 $\Delta\theta \approx 0.1°$，则当 $\lambda_3 = 60 \sim 600\ \mu m$ 时，对应的 $\Delta k$ 在 $3.2 \sim 17.5\ cm^{-1}$ 范围内，所以这里令 $\Delta k = 3, 6, 9, 12, 15, 18\ cm^{-1}$，而取 $\alpha_1 = \alpha_2 = 0.1\ cm^{-1}$，$\alpha_3 = 1 \sim 30\ cm^{-1}$，根据式(5.12)和式(5.13)计算在 $\alpha_3$、$\Delta k$ 不同取值下对应的 $L_f$ 和 $P_3^{max}$ 值，结果如图 5.7 和图 5.8 所示。而对于 $\Delta k \leqslant 2\ cm^{-1}$ 的可能情况，我们也计算了相应的 $L_f$ 和 $P_3^{max}$ 值，如表 5.3 所示。

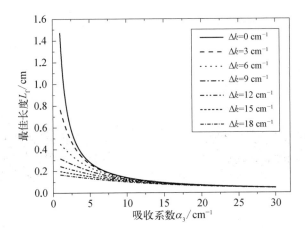

图 5.7 最佳长度 $L_f$ 与吸收系数 $\alpha_3$ 在不同 $\Delta k$ 下的关系图

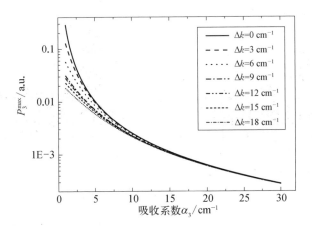

图 5.8 $P_3^{max}$ 与吸收系数 $\alpha_3$ 在不同 $\Delta k$ 下的关系图

表 5.3 $\Delta k \leqslant 2\ cm^{-1}$ 时对应的 $L_f$ 和 $P_3^{max}$ 值

| $\alpha_3/cm^{-1}$ | $\Delta k = 0.5/cm^{-1}$ | | $\Delta k = 1/cm^{-1}$ | | $\Delta k = 2/cm^{-1}$ | |
| --- | --- | --- | --- | --- | --- | --- |
| | $L_f/cm$ | $P_3^{max}/10^{-3}$ a.u. | $L_f/cm$ | $P_3^{max}/10^{-3}$ a.u. | $L_f/cm$ | $P_3^{max}/10^{-3}$ a.u. |
| 0.5 | 2.658 | 1 096.9 | 2.005 | 779.1 | 1.261 | 401.3 |
| 1 | 1.409 | 272.2 | 1.268 | 243.4 | 0.973 | 177.7 |
| 2 | 0.706 | 65.9 | 0.685 | 63.9 | 0.620 | 57.5 |
| 4 | 0.350 | 16.08 | 0.348 | 16.0 | 0.338 | 15.5 |
| 6 | 0.233 | 7.081 | 0.232 | 7.058 | 0.229 | 6.966 |
| 8 | 0.174 | 3.964 | 0.174 | 3.957 | 0.172 | 3.928 |
| 10 | 0.140 | 2.53 | 0.140 | 2.527 | 0.138 | 2.515 |
| 15 | 0.092 | 1.12 | 0.092 | 1.119 | 0.092 | 1.117 |
| 20 | 0.070 | 0.629 | 0.070 | 0.629 | 0.070 | 0.628 |

从图 5.7 和图 5.8 中可以看出,当 $\alpha_3$ 较小时,$\Delta k$ 对于 $L_f$ 和 $P_3^{max}$ 的衰减影响非常明显:对于 $\alpha_3 = 2 \text{ cm}^{-1}$ 情况,$L_f$ 和 $P_3^{max}$ 分别从 $\Delta k = 0 \text{ cm}^{-1}$ 时的 0.714 cm 和 0.0665 a.u. 迅速下降到 $\Delta k = 3 \text{ cm}^{-1}$ 时的 0.546 cm 和 0.0498 a.u.,降低了 25%左右;当 $\Delta k = 6 \text{ cm}^{-1}$ 时,$L_f$ 和 $P_3^{max}$ 降为 0.377 cm 和 0.0309 a.u.,降低了约 50%。而随着 $\alpha_3$ 的增大,$\Delta k$ 的影响所占比重逐渐减小:对于 $\alpha_3 = 15 \text{ cm}^{-1}$ 情况,$L_f$ 和 $P_3^{max}$ 从 $\Delta k = 0 \text{ cm}^{-1}$ 到 $\Delta k = 6 \text{ cm}^{-1}$ 只降低了 5%左右;尤其当 $\alpha_3 = 30 \text{ cm}^{-1}$ 时,$\Delta k$ 对 $L_f$ 和 $P_3^{max}$ 的影响基本可以忽略。从表 5.3 可以看出,吸收使得 $L_f < L_c$,在 $\alpha_3$ 和 $\Delta k$ 均较小时($\leqslant 2 \text{ cm}^{-1}$),$L_f$ 和 $P_3^{max}$ 都是相对较高的,所以实验重点之一是如何降低 $\alpha_3$ 和 $\Delta k$。对于降低 GaSe 晶体在太赫兹波段的吸收系数 $\alpha_3$,可选用结晶质量更好的 GaSe,有文献表明低载流子浓度的 GaSe 可产生更强的太赫兹功率[8],对于降低 $\Delta k$,可采用增加光路校准元件、双光路监测、增加温控系统等方法来降低角度和温度等的偏移来实现。最后根据 $\alpha_3$ 和 $\Delta k$ 选择恰当的晶体长度,可有效地得到更高功率的太赫兹波。

综上所述,我们可依照以下步骤进行非线性光学差频实验[9-12]:

第一,用太赫兹时域光谱系统或者远红外傅里叶光谱仪对晶体进行光谱测量,确定晶体在太赫兹波段的吸收系数,尽量选用吸收系数小的晶体;

第二,估算实验操作可能造成的相位失配,采用高精度的角度调谐装置来降低角度失配量,以及加装恒温系统防止因温度漂移造成的相位偏离;

第三,根据吸收系数和相位失配进行公式计算来确定最佳的晶体长度,从而差频产生尽可能大的太赫兹波功率。

## 参 考 文 献

[1] Shi W, Ding Y J, Fernelius N, et al. Efficient, tunable, and coherent 0.18 - 5.27 - THz source based on GaSe crystal. Optics Letters, 2002, 27(16): 1454 - 1456.

[2] Shi W, Ding Y J. A monochromatic and high-power terahertz source tunable in the ranges of 2.7 - 38.4 and 58.2 - 3540 μm for variety of potential applications. Applied Physics Letters, 2004, 84(10): 1635 - 1637.

[3] Ding Y J, Shi W. Widely tunable monochromatic THz sources based on phase-matched difference-frequency generation in nonlinear-optical crystals: A novel approach. Laser Physics, 2006, 16(4): 562 - 570.

[4] Tanabe T, Suto K, Nishizawa J, et al. Characteristics of terahertz-wave generation from GaSe crystals. Journal of Physics D-Applied Physics, 2004, 37(2): 155 - 158.

[5] Zhang D W. Tunable terahertz wave generation in GaSe crystals. Proceeding of SPIE, 2009, 7277: 727710 - 727710 - 7.

[6] Vodopyanov K L, Kulevskii L A. New dispersion relationships for GaSe in the 0.65 - 18 μm Spectral Region. Optics Communications, 1995, 118(3 - 4): 375 - 378.

[7] Dmitriev V G. 非线性光学晶体手册. 王继扬译. 北京: 高等教育出版社, 2009.

[8] Kenmochi A, Tanabe T, Oyama Y, et al. Terahertz wave generation from GaSe crystals and effects of crystallinity. Journal of Physics and Chemistry of Solids, 2008, 69(2-3): 605-607.

[9] 陆金星. 太赫兹差频产生与太赫兹波热探测的研究. 中国科学院研究生院博士学位论文, 2012.

[10] 陆金星, 黄志明, 黄敬国, 等. 相位失配与材料吸收对利用 GaSe 差频产生 THz 波功率影响的研究. 物理学报, 2011, 60(2): 024209.

[11] Huang Z M, Lu J X, Huang J G, et al. Terahertz generation from DFG and TPG configurations. 36th International Conference on Infrared, Millimeter and Terahertz Wave (IRMMW-THz), 2011, 326(1): 1-2.

[12] Huang J G, Huang Z M, Tong J C, et al. Intensive terahertz emission from GaSe$_{0.91}$S$_{0.09}$ under collinear difference frequency generation. Applied Physics Letters, 2013, 103(8): 081104-081104-4.

# 第 6 章

# 硒化镓及掺硫硒化镓晶体太赫兹差频源

在太赫兹共线差频源产生实验中,除了基于一些特殊的各向同性半导体晶体共线差频产生无角度调谐的太赫兹辐射之外,更多的研究工作是关于双折射晶体共线相位匹配实现宽波段的太赫兹差频辐射。相比较前者,虽然基于双折射效应的太赫兹共线差频源在太赫兹波长调谐时需要进行晶体方位角的精确调节,但是其辐射太赫兹光功率和频率范围将比前者更加大。目前,在太赫兹共线差频实验中,常用的双折射非线性晶体主要包括:硒化镓[1-3]、掺杂硒化镓[4]、硒化镉[5]、磷锗锌[6]以及有机晶体 DAST[7]、OH1[8] 等。

图 6.1 给出常见非线性太赫兹晶体在太赫兹波段的吸收系数光谱分布[5]。从该图中可以看出,硒化镓晶体在众多的太赫兹非线性晶体中,具有最小的太赫兹吸收系数。但是,硒化镓晶体由于表面非常软,限制其太赫兹辐射源的实际应用[9]。

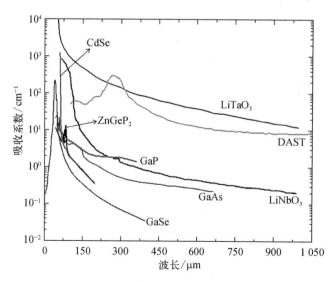

图 6.1　常见非线性晶体在太赫兹波段吸收系数光谱

在已知无机非线性晶体中，GaSe 在太赫兹波段具有最小的吸收系数，因此非常适合用于太赫兹波的差频产生。但 GaSe 很软，莫氏硬度约为 0，其结构中层与层之间靠范德华力吸引，导致非常容易沿层面发生断裂从而很难获得高质量的大晶体，且只能沿与层面所平行的(001)面切割，在产生中红外和太赫兹时限制了一些相位匹配角的实现。

本章将围绕硒化镓及掺硫硒化镓晶体的非线性光学差频方法产生中红外和太赫兹波这一主题进行详细的理论分析和实验研究，首先对它们的晶体光学性质以及机械特性进行介绍，然后分别给出硒化镓中红外差频产生、硒化镓太赫兹差频产生以及掺硫硒化镓晶体太赫兹共线差频产生的理论分析与实验研究。其实验结果如下：在 0.5 mm GaSe 晶体中共线差频产生了 16.1~26.5 μm（Ⅰ类"eoo"相位匹配）和 16.1~22.5 μm（Ⅱ类"eoe"相位匹配）的中红外信号辐射；在 1 mm GaSe 晶体中共性差频产生了 0.22~4.4 THz(68.1~1 386 μm)，最大峰值功率为 9.1 W（Ⅰ类"oee"相位匹配）和 0.3~4.4 THz(68.1~988 μm)，最大峰值功率为 8.2 W（Ⅱ类"oeo"相位匹配）的宽波段可调谐太赫兹信号，并通过频谱测量证明了所产生的差频波具有窄线宽特性，可满足高分辨太赫兹波谱测量需求；在 5.5 mm 的 $GaSe_{0.91}S_{0.09}$ 晶体中，观察到Ⅰ类"oee"相位匹配的高功率宽波段太赫兹光辐射，其太赫兹辐射频率范围为 0.57~3.57 THz(528.0~84.0 μm)，对应晶体外部相位匹配角变化范围为 7.2°~21.4°，且最高太赫兹辐射峰值功率为 21.8 W，位于 1.62 THz。该太赫兹光能量转化效率为 $6.54×10^{-5}$，比纯 GaSe 晶体在相似长度下提高 45%，并理论上对该原因(晶体光学性质的提高)进行详细的分析。针对太赫兹差频转换效率较低的问题，我们还提出了一种基于外部级联方法进行二次差频转换来提高太赫兹波功率的方法。

## 6.1 硒化镓及掺杂晶体光学性质

### 6.1.1 硒化镓晶体性质

GaSe 晶体是负单轴晶体，属于 $\bar{6}m2$ 点群，六方层状结构，层状晶体(图 6.2 为实验室购买的 GaSe 晶体实物图以及晶体截面图[10])，具有较大的二阶非线性光学系数($d_{22} = 54$ pm/V)和较宽的透光范围(0.62~20 μm 和 ≥50 μm)，在垂直光轴方向具有较好的热导热率[0.162 W/(cm·K)]和较高的熔点(930~960℃)，且双折射特性显著(在 λ = 1064 nm 时折射率为 0.35)，可以满足很宽波长范围内(中红外、太赫兹以及毫米波)的相位匹配条件，同时在已知无机非线性晶体中，GaSe 在太赫兹波段具有最小的吸收系数，因此该晶体非常适合高功率、宽波段的太赫兹波差频产生。

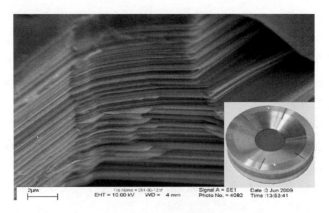

图 6.2　GaSe 晶体实物图及截面图

我们使用傅里叶光谱仪测量了 GaSe 晶体在太赫兹波段的透射谱，如图 6.3 所示。图中 2.5～4.9 THz 使用 6 μm 的 Mylar 分束器和光谱仪内部硅碳棒 (Globar) 源，0.3～2.9 THz 使用 50 μm 的 Mylar 分束器和光谱仪外部高压汞灯，由于光通量和分束器效率的不同，使得透射谱在两端处并不重合。另外，在 1.76 THz 左右的抖动是由于 50 μm Mylar 分束器的低效率所致。

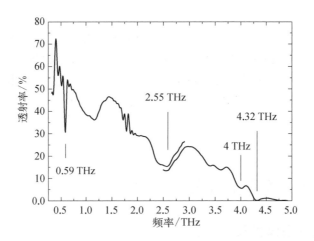

图 6.3　1 mm 长的 GaSe 晶体在太赫兹波段的透射谱

但是 GaSe 机械性能较差，导致非常容易沿层面发生断裂现象，只能沿与层面所平行的(0001)面切割，不能按照设计的相位匹配角切割；晶体有效非线性系数随长度增加而出现退化现象[11]；高质量、大尺寸的晶体依旧较难生长，晶体内部具有较多的点缺陷以及各种微观缺陷(微腔、孪晶、包含杂质元素等)，在太赫兹共线差频实验时容易出现激光损伤，且各公司提供的硒化镓晶体光学质量差异较大[12]。这些缺点限制了硒化镓晶体太赫兹共线差频辐射源的实际应用，同时也对差频产生中红外辐射时限制了某些相位匹配角的实现。根据第 5 章晶体强吸收会严重降低差频波出射强度的结论,并且由于高质量的 GaSe 晶体难以获得,所以我们在差频产生太赫兹波的实验中使用 1 mm 长的 GaSe 晶体,降低晶体吸收对差频效率的影响,以期能够得到较大的太赫兹波出射。我们实验中所使用的 GaSe 晶体,其截面为 9.5 mm,用保护胶封装在直径 25.4 mm 的金属壳中。

## 6.1.2 掺硫硒化镓晶体性质

针对以上关于硒化镓晶体在太赫兹共线差频辐射实验中所面临的问题,人们希望通过在硒化镓晶体中掺入适量等价元素的方法来改善晶体的机械性能以及光学质量。大量的研究工作表明,在纯 GaSe 晶体中掺入等价元素的方法不仅可以改善晶体的光学质量,还可以大幅度提高晶体的机械性能。目前,在硒化镓晶体中掺入的等价元素有:In、Al、Er、S、Te,甚至化合物 AgGaSe$_2$ 等[13-16]。图 6.4 为不同掺杂杂质元素细化剂晶体实物图片。

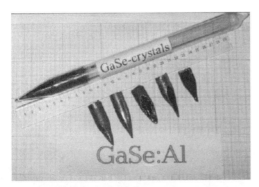
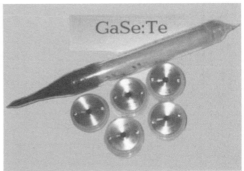

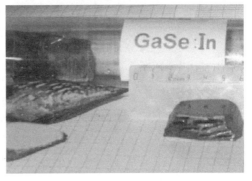

图 6.4 掺杂不同杂质的 GaSe 晶体图

掺杂等价元素在硒化镓晶体中一个重要的研究方向是对其晶体机械性能的研究,图 6.5 给出在不同掺杂杂质元素(In,Al,S)下晶体表面硬度随杂质含量的变化关系[17]。从图中可看出,这些掺杂元素均能提高硒化镓晶体的硬度。在相同掺杂浓度下,Al 元素掺杂晶体硬度最大,其次是 S 掺杂晶体,再次是 In 掺杂晶体。当掺杂比例低于 1 mass%时,In 掺杂晶体的硬度随掺杂比例的增加而增加,当高于

1 mass%时,硬度变化无明显规律,因此实际应用受到限制;Al 的掺杂使晶体硬度显著增大,且低浓度掺杂时,硬度相当于 In 和 S 掺杂的两倍,但是当 Al 掺杂浓度高于 0.5 mass%时,掺杂硒化镓晶体的光学质量将出现退化现象,因此该掺 Al 硒化镓晶体无法运用于非线性太赫兹光学差频实验;S 的掺杂也使晶体硬度明显增大,而且比较适合较高浓度的掺杂,掺杂 S 元素后晶体机械性能得到很大改善,能够按照相位匹配条件所选定的任意晶轴方向进行切割和抛光。从图 6.5 中可以看出,当掺 S 浓度为 2 mass%时,晶体具有最大的晶体表面硬度。

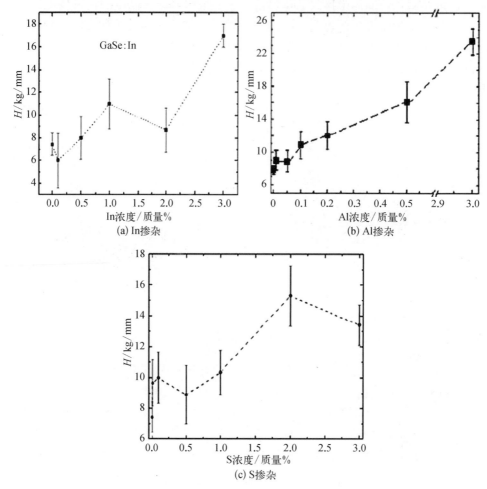

图 6.5　不同掺杂杂质浓度对 GaSe 晶体硬度的影响[17]

对掺杂 S 后晶体硬度提高原因可以做出如下解释:由于 S 原子部分取代了 Se 原子,使层间部分变为 β 型,而 β 型晶体层间阴阳离子间距离比其他类型小,范德瓦尔斯作用力明显增强,这就大大增加了层间的黏合力,从而宏观上体现出不容易劈裂的特性。

下面对掺 S 硒化镓晶体的光学性质进行介绍：

1964 年 J. L. Brebner 等人首次实现了在硒化镓晶体中掺入 S 元素[18]。随着掺硫元素浓度的不断增加，晶体颜色从红色向黄色转变。之后的研究表明，S 元素的掺杂使硒化镓晶体的物理特性有显著改善，机械性能增强，近红外处线性光学吸收系数降低。其主要优点在于：保持了六角晶系的晶胞结构，从根本上提高了晶体的光学质量，其硬度增强，使晶体适于切割和抛光，同时提高晶体体损伤阈值。图 6.6 给出部分掺 S 硒化镓晶体在可见光波段的透射图谱[19]（其晶体厚度在 0.6～1.34 mm 之间）。图 6.7 给出了我们测量的不同 S 含量的从 GaSe 到 GaS 晶体的吸收光谱。可以看出，随着 S 含量的增加，晶体材料的禁带宽度增大。GaSe 掺 S 的质量含量最高可达 11%，晶体仍能保证很好的结晶性。

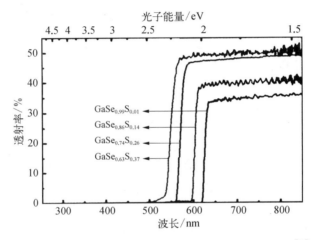

图 6.6　部分掺 S 硒化镓晶体在可见光波段的透射图谱[19]

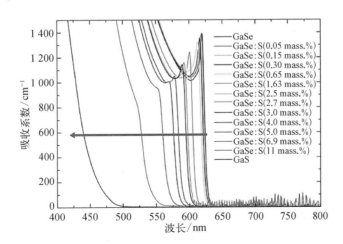

图 6.7　不同掺 S 浓度硒化镓晶体的吸收系数

为研究掺硫硒化镓晶体在太赫兹波段的光学性质,我们利用远红外傅里叶光谱仪对掺硫硒化镓晶体进行透射光谱研究,见图6.8。光谱中测试波段范围为 $30 \sim 680 \text{ cm}^{-1}$,所用晶体掺硫浓度分别为 0、0.5 mass%、1 mass%、2 mass%、10.2 mass%。从透射光谱中,我们发现在太赫兹波段的吸收峰(约 $60 \text{ cm}^{-1}$ 位置处)随掺硫浓度的增加而向高频方向移动(见图6.8插图)。

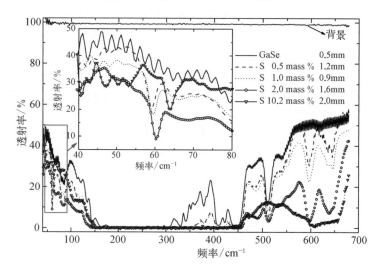

图 6.8 掺硫硒化镓晶体在太赫兹波段的透射光谱(波段 $30 \sim 680 \text{ cm}^{-1}$)

利用拉曼光谱仪,我们对不同硫浓度(0%、0.5 mass%、1 mass%、2 mass%、3 mass%)的掺杂硒化镓晶体进行了拉曼光谱研究($0 \sim 10$ THz),如图6.9所示。对于掺杂硫浓度高于 3 mass% 的晶体,由于其晶体质量问题等原因,我们在实验上

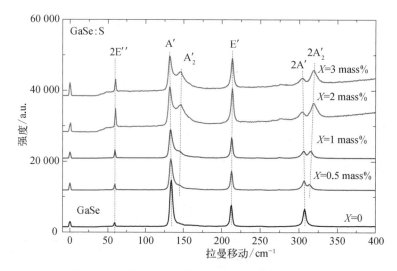

图 6.9 不同硫浓度的掺硫硒化镓晶体拉曼吸收峰

未观察到标准的拉曼吸收峰。从图 6.9 中我们可以看出,我们观察到硒化镓晶体在太赫兹波段具有 4 个拉曼活性的声子模(2E″, A′, E′, 2A′);随着掺杂硫元素组分的增加,GaSe:S 晶体在太赫兹波段的声子模式数量逐渐增多,主要体现在 $A_2'$ 和 $2A_2'$ 声子模式的分裂上[20]。表 6.1 列出了不同硫组分下,掺硫硒化镓晶体在太赫兹波段的拉曼活性声子模式。随着 S 含量的增加,A′ 和 2A′ 向低频移动,但 $A_2'$ 和 $2A_2'$ 逐渐向高频移动。

表 6.1　不同硫组分掺硫硒化镓晶体拉曼活性声子模式

| S/mass% | 2E″/cm$^{-1}$ | A′/cm$^{-1}$ | $A_2'$/cm$^{-1}$ | E′/cm$^{-1}$ | 2A′/cm$^{-1}$ | $2A_2'$/cm$^{-1}$ |
| --- | --- | --- | --- | --- | --- | --- |
| 0 | 58.80 | 133.88 | / | 212.57 | 307.26 | / |
| 0.5 | 58.94 | 133.28 | 139.57 | 212.77 | 306.29 | 313.86 |
| 1 | 59.23 | 132.89 | 140.6 | 212.93 | 305.54 | 315.09 |
| 2 | 59.90 | 131.79 | 143.90 | 213.50 | 303.31 | 319.10 |
| 3 | 59.85 | 131.90 | 143.68 | 213.51 | 302.85 | 319.05 |

## 6.2　硒化镓差频产生中红外的实验研究

对于使用 1 μm 波段近红外激光泵浦 GaSe 晶体进行差频,可通过选择不同的泵浦光偏振方向和入射角度,来满足相位匹配条件,分别得到中红外和太赫兹波段的差频产生。设两路泵浦光波长分别为 $\lambda_1$,$\lambda_2$(对应频率为 $\omega_1$,$\omega_2$),产生的差频光波长为 $\lambda_3$(对应频率为 $\omega_3$),其中 $\lambda_1 < \lambda_2 < \lambda_3$,$\omega_1 > \omega_2 > \omega_3$。为描述方便,本章将 $\lambda_1$ 波长激光称为泵浦光,$\lambda_2$ 波长激光称为信号光。由于中红外差频信号较强,使用室温探测器就能检测,相对太赫兹波差频的研究要方便许多,所以我们先进行 GaSe 差频产生中红外的实验研究。在 GaSe 晶体中,对于三波二阶非线性差频过程,由类似第 5 章中的计算方法,得到 Ⅰ 类"eoo"和 Ⅱ 类"eoe"相位匹配方式可以满足中红外差频条件。

### 6.2.1　差频参数理论分析

分别考虑 OPO 输出激光做泵浦光和信号光时的两种情况,即 $\lambda_1 = 1.0645$ μm,$\lambda_2 = 1.104 \sim 1.750$ μm 和 $\lambda_1 = 0.763 \sim 1.027$ μm,$\lambda_2 = 1.0645$ μm 两种情况下的 Ⅰ 类"eoo"和 Ⅱ 类"eoe"方式的相位匹配角,如图 6.10 所示。

对于 $\lambda_1 = 1.0645$ μm 情况,当 $\lambda_2$ 从 1.104 μm 逐渐增大到 1.750 μm 时,对应的差频波长 $\lambda_3$ 从 29.7 μm 减小至 2.72 μm,Ⅰ 类和 Ⅱ 类的相位匹配角调谐范围分别为 11.85°~20.47°,12.15°~26.39°。而当 $\lambda_2$ 为 1.0645 μm,将 $\lambda_1$ 从 1.027 μm

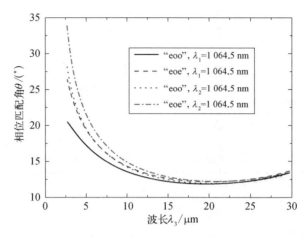

图 6.10　使用 eoo 和 eoe 配置的相位匹配角与差频波长 $\lambda_3$ 关系图

逐渐减小至 0.763 μm 时，$\lambda_3$ 从 29.2 μm 减小至 2.69 μm，对应的 I 类和 II 类的相位匹配角变化范围为 11.92°～28.15°，12.20°～33.86°。可以看出，对于同一差频波长 $\lambda_3$，I 类相位匹配角要比 II 类相位匹配角略小，且泵浦波长较长时，相位匹配角也相对较小。当相位匹配角大于 20°时，此时所需外部入射角已达 90°，由于 GaSe 只能沿(001)面切割，所以已不能进行正常的角度调谐。

对于 GaSe 晶体，I 类和 II 类相位匹配方式的有效非线性系数由表 2.2 可知

$$d_{\text{eff}}^{\text{eoo}} = -d_{22}\cos\theta\sin 3\varphi \tag{6.1}$$

$$d_{\text{eff}}^{\text{eoe}} = d_{22}\cos^2\theta\cos 3\varphi \tag{6.2}$$

将计算得到的相位匹配角代入(6.1)、(6.2)式得到对应的有效非线性系数，注意为了使得有效非线性系数最大，其方位角 $\varphi$ 应分别满足 $|\sin 3\varphi|=1$ 和 $|\cos 3\varphi|=1$（图 5.1 中所示，$\varphi$ 即主平面与晶体 $X$ 轴的夹角，对于六方结构的 GaSe 晶体，可取任一 $a$ 轴作为 $X$ 轴）。当 $\lambda_1 = 1.0645$ μm，$\lambda_2 = 1.104 \sim 1.750$ μm 和 $\lambda_1 = 0.763 \sim 1.027$ μm，$\lambda_2 = 1.0645$ μm 时，两种相位匹配方式下的最大有效非线性系数如图 6.11 所示。可以看出，I 类的有效非线性系数比 II 类的要大，另外，泵浦波长变化对 $\lambda_3 > 10$ μm 时的有效非线性系数影响不大。

在双折射相位匹配时，"o"光的波矢方向 $\vec{k}$ 和能量传播方向 $\vec{s}$ 一致，而 e 光的则不一致，其产生的走离角会使得不同偏振状态的泵浦波和差频波在晶体内部逐渐分离从而降低差频转换效率。对于中红外差频情况，I 类"eoo"相位匹配中 $\lambda_1$ 存在走离角，而 II 类"eoe"相位匹配中 $\lambda_1$、$\lambda_3$ 存在走离角，我们根据第 2 章双折射相位匹配方式进行理论计算的结果如图 6.12 和图 6.13 所示，两种相位匹配下的走离角比较接近，在 3.5°～6°左右，另外，泵浦光波长较长时走离角较小。

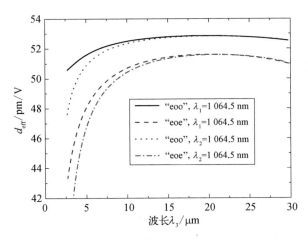

图 6.11 使用"eoo"和"eoe"配置的有效非线性系数与差频波长 $\lambda_3$ 关系图

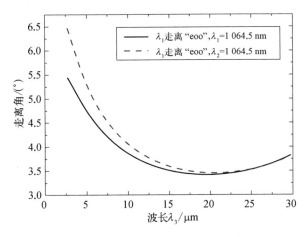

图 6.12 Ⅰ类"eoo"相位匹配的走离角

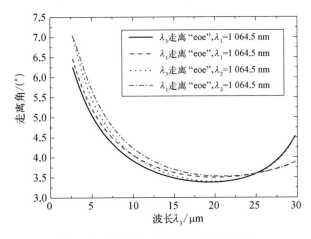

图 6.13 Ⅱ类"eoe"相位匹配的走离角

在第 5 章讨论了角度失谐引起相位失配,我们用相应的允许角来估算角度调谐对差频效率的敏感情况,对于 GaSe 中红外差频,其允许角计算结果如图 6.14 所示。可以看出Ⅱ类相位匹配的允许角比Ⅰ类的略大,但在整个差频波长范围内都很小,最大只有 $0.162°$(当 $\lambda_3$ 为 19.1 μm 时),这说明中红外差频对于角度调谐的精度要求很高,同时泵浦波波长较长时允许角较大。

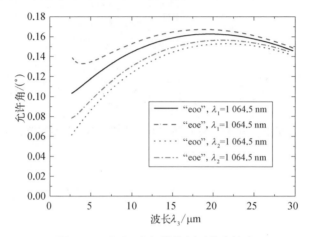

图 6.14 GaSe 中红外差频时的允许角

## 6.2.2 差频实验结果

根据上节分析,使用Ⅰ类"eoo"和Ⅱ类"eoe"配置在 GaSe 晶体中进行差频产生中红外的实验。在进行差频之前,我们用光谱仪对实验所用的 GaSe 晶体进行了光谱测量,图 6.15 是 1 mm 长 GaSe 晶体在中红外波段的透射谱,可以看出 GaSe 在 18 μm 以上吸收快速提高,在 22~24.2 μm 波长内几乎不透明,这也会使得该波段的中红外差频功率大大下降,甚至观测不到。

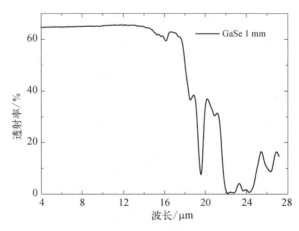

图 6.15 1 mm 长 GaSe 晶体中红外透射谱

图6.16是我们使用GaSe晶体进行光学差频实验的光路示意图,其中Nd∶YAG激光器是注入种子的单纵模调Q激光器,OPO是窄线宽激光器;HWP是半波片,用于调整泵浦光的偏振方向,使得1 064 nm激光水平偏振,OPO激光垂直偏振;GP是格兰偏振棱镜;PBS是偏振分束棱镜,透过水平偏振的光,反射竖直偏振的光;通过PBS和反射镜并在空间上光程延迟来使得两路激光在空间和时间上重合。A1,A2是两个可调光阑,用于截取合适的光束面积。GaSe晶体固定在一个三维偏振架上,底部装有电动旋转台,可以方便地进行相位匹配角、方位角以及俯仰角的调整。OAP1、OAP2是两个90°离轴镀金抛物面反射镜。Ge是1.75 mm厚的锗片,可以将泵浦光滤除而将中红外和太赫兹波通过,一个放在两抛物面反射镜中间,一个紧贴在探测器的窗口上;对于中红外差频,探测器使用可室温工作的Golay探测器,探测器输出接示波器进行数据显示和记录,取10次采样数据平均来减小噪声。

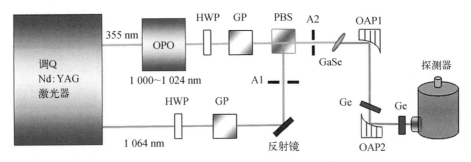

图 6.16　GaSe中红外差频实验光路示意图

HWP:半波片;GP:格兰棱镜;PBS:分束器;OAP1和OAP2:离轴抛物面镜;A1和A2:小孔光阑。

为防止激光打坏晶体,通过能量和光束面积调节,使得激光强度小于GaSe的表面损伤阈值(约30 MW/cm$^2$),Nd∶YAG激光和OPO激光两路入射泵浦能量都调节成2 mJ和孔径2 mm。由于所使用的窄带半波片工作波段只有1~1.1 $\mu$m,所以实验中我们只将OPO激光波长最小调至1 $\mu$m。

选择$\lambda_1 < 1.064\ \mu m$,$\lambda_2 = 1.064\ \mu m$的主要原因是考虑到中红外差频的Ⅰ类"eoo"和Ⅱ类"eoe"相位匹配与后面将要研究使用$\lambda_1 = 1.064\ \mu m$,$\lambda_2 > 1.064\ \mu m$的太赫兹差频的Ⅰ类"oee"和Ⅱ类"oeo"相位匹配对于两路泵浦光的偏振方向要求是一致的,这样可以将差频光的波长从中红外一直调谐到太赫兹波段而中途不用更换任何光学组件。

我们将OPO激光波长从1.024 $\mu$m调至1 $\mu$m,同时选择合适的相位匹配角和方位角,在Ⅰ类"eoo"和Ⅱ类"eoe"相位匹配中分别产生了16.1~26.5 $\mu$m和16.1~22.5 $\mu$m的信号。图6.15是所产生的中红外峰值功率与波长关系图,由于我们未校准Golay探测器对ns脉冲信号的真实响应,所以只给出测量值。将图6.17和图6.15相对照,可以明显看出GaSe晶体在19.5 $\mu$m左右和在22~24 $\mu$m波段的强吸收直接表现为差频功率的减弱。图6.18是中红外差频波长$\lambda_3$与OPO波长的调谐关系曲线。

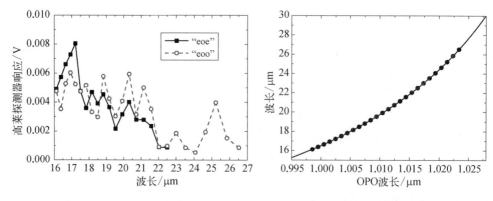

图 6.17　中红外 $\lambda_3$ 峰值功率　　　图 6.18　中红外 $\lambda_3$ 波长与 OPO 波长调谐关系图

为校验所产生差频波的波长和线宽特性,我们使用傅里叶光谱仪的步进扫描功能进行测量验证。其基本原理为使用激光器的同步信号作为触发(10 Hz),光谱仪在收到触发信号后,干涉仪中的动镜移动一步,然后每隔 $\Delta t$ 时间采集 $m$ 次探测器输出的干涉强度信号取平均,$n$ 次间隔时间采集完成后光谱仪等待触发信号,动镜移动到新位置,然后继续干涉信号数据采集,以此重复,这样动镜移动完后可以得到 $n$ 张不同时刻的干涉图,经过 FFT 变换便得到 $n$ 张不同时刻的频谱图。相对于普通扫描,步进扫描通过时间积分可以显著提高测量信噪比。

根据 DTGS 探测器的响应时间(ms 量级)和光谱仪内部 ADC 采集速度(100 kHz)将探测器数据采集时间间隔 $\Delta t$ 设为 12.5 $\mu$s,采集次数 $n = 200$ 次,共 2.5 ms,平均次数 $m$ 设为 5 次。为减少测量时间,将对应步进扫描的频率范围设为 $500 \sim 1\,000$ cm$^{-1}$ 或 $0 \sim 500$ cm$^{-1}$,同时将分辨率设为 0.5 cm$^{-1}$,这样一共测量 2 200 多个点,单次测量用时约 15 min。部分差频波步进扫描的结果如图 6.19 所示,其中 $X$ 轴是频率(单位 cm$^{-1}$),$Y$ 轴是探测器响应时间(单位 $\mu$s),$Z$ 轴是频谱强度(单位 a.u.)。

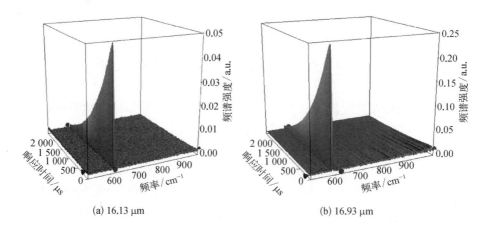

(a) 16.13 $\mu$m　　　　　　　　　　(b) 16.93 $\mu$m

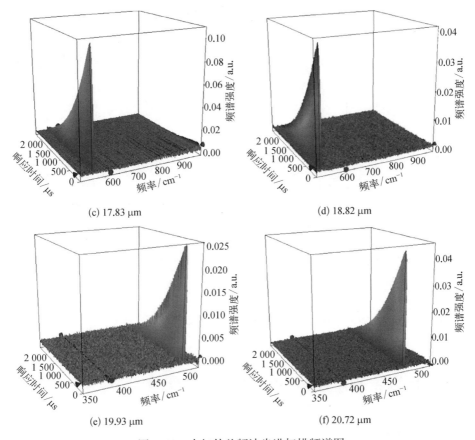

(c) 17.83 μm  (d) 18.82 μm

(e) 19.93 μm  (f) 20.72 μm

图 6.19　中红外差频波步进扫描频谱图

图 6.20 是 16.13 μm 的频谱图在 $Y = 125$ μs 处的 $X$-$Z$ 截面,波长测量结果为 16.12 μm,与计算值相当符合,同时从图上可以看出差频波具有窄线宽特性,其半高宽约 0.6 cm$^{-1}$。

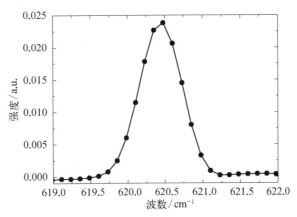

图 6.20　16.13 μm 中红外差频波频谱特性

由于差频光和探测器耦合以及探测器响应波段的问题,步进扫描最长只测量到 24.6 μm 波长的差频光,如图 6.21 所示,此时信噪比已只有约 3∶1。

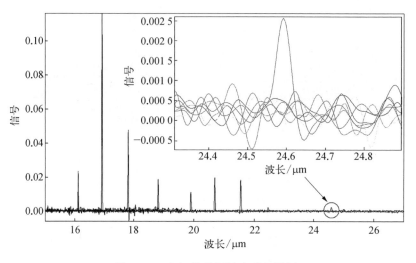

图 6.21　中红外差频波步进扫描图

## 6.3　硒化镓差频产生太赫兹波的实验研究

### 6.3.1　实验配置

GaSe 中差频产生太赫兹波的实验光路和中红外差频的基本相同,实际光路如图 6.22 所示。使用 Nd∶YAG 激光器输出 1.064 5 μm 激光做泵浦光,OPO 输出激光在 1.065 0～1.083 6 μm 之间调谐,对应的太赫兹差频波长 60～2 000 μm(0.15～5 THz)。入射泵浦激光的能量通过半波片和格兰偏振棱镜组合调节,使得 Nd∶YAG 激光器 1.064 μm 激光能量为 2.5 mJ,OPO 激光能量为 1.5 mJ,通过可调光阑控制光束直径都是 2 mm,激光强度小于 GaSe 晶体的损伤阈值。使用 4.2 K 液氦制冷 Si 微测辐射热计对太赫兹波进行能量探测,结果用示波器显示和记录。图 6.23 是 bolometer 照片以及示波器显示的 bolometer 对太赫兹波纳秒脉冲信号的响应图。

硅 bolometer 窗口内侧装有 2 个低通滤波片,短波截止波长分别为 12.5 μm (800 cm$^{-1}$)和 100 μm(100 cm$^{-1}$),在实验中根据差频波波长选择适当的滤波片,这里需要注意的是,在使用 bolometer 探测时,图 6.22 中的两块 Ge 片需要全部加上,泵浦光直接入射在 Ge 片表面产生的热信号比较强,在 bolometer 上会产生几十毫伏以上的响应,通常采用关闭一路泵浦光看 bolometer 响应消失情况来区分 bolometer 是对太赫兹差频信号还是热信号的响应。

图 6.22　GaSe 差频产生太赫兹波的实际光路图

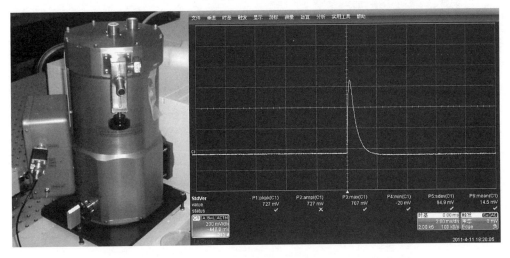

图 6.23　微测辐射热计及其响应图(图中一格 2 ms 时间间隔)

GaSe 晶体中Ⅰ类"oee"和Ⅱ类"oeo"相位匹配方式可以满足太赫兹波差频相位匹配条件。图 6.24 是两类配置下的理论相位匹配角与差频波频率变化关系图，可以看出两种情况下的相位匹配角非常接近，Ⅱ类的比Ⅰ类的略大，且都随频率 $\omega_3$ 减小(波长增大)而逐渐减小，Ⅰ类相位匹配角变化范围 1.14°～11.72°，Ⅱ类相位匹配角变化范围 1.14°～12.04°。

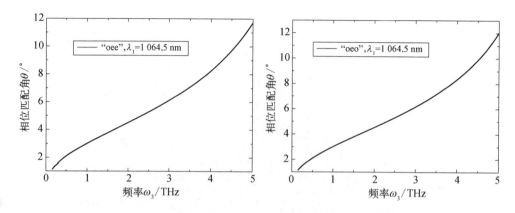

图 6.24　Ⅰ类"oee"和Ⅱ类"oeo"差频产生太赫兹波的理论相位匹配角

图 6.25　实验用线栅照片

我们使用一个自制的线栅偏振器来校验太赫兹差频波的偏振方向,即确认是Ⅰ类还是Ⅱ类相位匹配。线栅使用钨丝绕制而成,线间的间隔为 60 μm,如图 6.25 所示。

两种相位匹配下的有效非线性系数:

$$d_{\text{eff}}^{\text{oee}} = d_{22} \cos^2 \theta \cos 3\varphi \quad (6.1)$$

$$d_{\text{eff}}^{\text{oeo}} = d_{22} \cos \theta \sin 3\varphi \quad (6.2)$$

为使有效非线性系数最大,实验中应使得方位角 $\varphi$ 分别满足 $|\cos 3\varphi| = 1$ 和 $|\sin 3\varphi| = 1$,其计算结果如图 6.26 所示。随着差频频率 $\omega_3$ 提高,有效非线性系数也随之减小,另外在整个太赫兹差频范围内,Ⅱ类的要比Ⅰ类的略大。

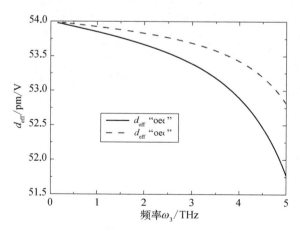

图 6.26　使用"oee"和"oeo"配置的有效非线性系数与差频波长关系

图 6.27 是 I 类和 II 类相位匹配差频产生太赫兹波时的走离角和允许角计算结果。两类情况下信号光 $\lambda_2$ 的走离角接近,在 0.34°～3.4°内变化;I 类匹配方式下差频光 $\lambda_3$ 也存在走离角,其比信号光 $\lambda_2$ 的要大 1°～3°,这会使得所产生的太赫兹波从晶体中出射后与泵浦光发生偏离,在收集聚焦太赫兹波时需要考虑到这点。而两类匹配情况下的允许角基本一致,随着波长 $\lambda_3$ 的增加而从 0.16°增大到 1.6°。

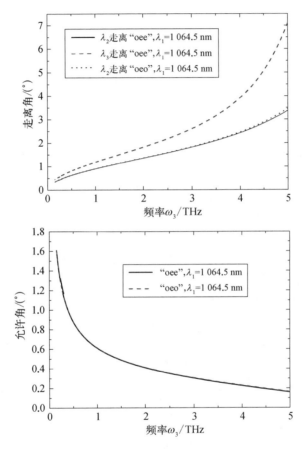

图 6.27 GaSe 晶体太赫兹差频时的走离角和允许角

## 6.3.2 实验结果与分析

我们以 0.5 nm 为间隔改变 OPO 波长,同时调谐对应的相位匹配角和方位角,通过 I 类"oee"和 II 类"oeo"相位匹配方式产生了 0.22～4.4 THz(68.1～1 386 μm)和 0.3～4.4 THz(68.1～988 μm)的宽调谐太赫兹波。图 6.28 是考虑了两块 Ge 片和 bolometer 滤波片透射率的太赫兹功率变化曲线。

I 类"oee"相位匹配方式下,所产生的太赫兹波差频功率在 1 THz 以下都小于

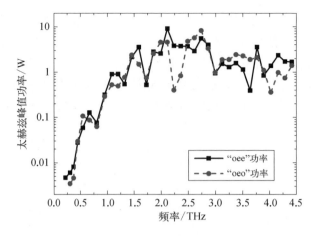

图 6.28 差频产生太赫兹峰值功率图

0.3 W,并随着太赫兹波长增加而迅速下降,而在 1 THz 以上,功率迅速提高,在 2.1 THz 处最大峰值功率为 9.1 W,功率转换效率($P_3/P_1$)为 $2.8\times10^{-5}$,随着频率增大差频功率逐渐下降,在 4.4 THz 处为 1.7 W。Ⅱ类"oeo"相位匹配的实验结果和Ⅰ类的相近,所产生太赫兹波最大峰值功率为 8.2 W(2.74 THz),功率转换效率 $2.6\times10^{-5}$。我们在实验中未观察到频率大于 4.4 THz 的差频波,应该是由于晶体的强烈声子吸收所致,而在 1.73 THz 和 3 THz 附近的太赫兹波功率下降是由于空气中水汽在该波段有强烈吸收所致。虽然 GaSe 晶体在 3.7 THz 以上透过率迅速降低,但 3.8 THz 以上的差频功率仍然比 1 THz 以下波段的强很多,这说明差频转换的效率在太赫兹高频段还是相当高的。

根据图 6.26,Ⅱ类匹配的有效非线性系数要略微大于Ⅰ类的,但在实验中有些频点Ⅰ类的差频功率反而要比Ⅱ类的大,这主要是由晶体内部对 o 光和 e 光有不同的透射以及晶体内部质量不完美所造成。

图 6.29 是Ⅰ类外部相位匹配角调谐曲线,当太赫兹频率从 4.4 THz 调谐至 0.22 THz 时,外部相位匹配角从 27.9°变到 4.1°;对于Ⅱ类"oeo"配置,对应的外部相位匹配角变化范围 4.4°~27.1°,如图 6.30 所示。Ⅰ和Ⅱ类差频的匹配角调谐曲线非常接近,除了方位角上相差 30°,同时Ⅰ类和Ⅱ类相位匹配角的实验结果和理论计算符合的相当好,这说明了 GaSe 红外波段的 Sellmeier 方程式(5.7)在太赫兹波段也适用。

同中红外差频情况一样,使用傅里叶光谱仪对太赫兹波进行波长和线宽测量。步进扫描的探测器使用微测辐射热计,分束器使用 6 μm Mylar 膜,采集时间间隔 $\Delta t$ 为 12.5 μs,平均次数 $m$ 为 10 次,采集次数 $n$ 为 200 次,步进扫描频率范围设为光谱仪可设置的最小频率间隔 0~500 cm$^{-1}$,分辨率设为 0.5 cm$^{-1}$,这样干涉仪步数约 2 000 步,单次测量时间约 80 min。部分太赫兹波长步进扫描图如图 6.31 所示,最小测得频率为 1.08 THz。

第 6 章　硒化镓及掺硫硒化镓晶体太赫兹差频源

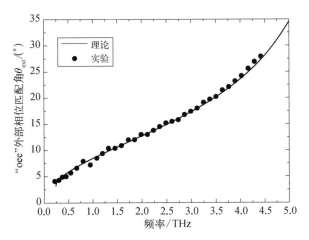

图 6.29　"oee"配置外部相位匹配角

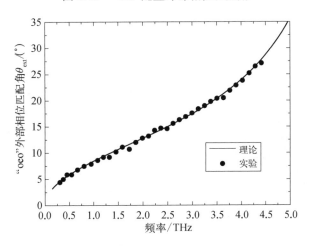

图 6.30　"oeo"配置外部相位匹配角

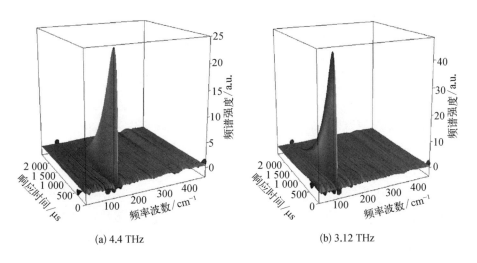

(a) 4.4 THz　　　　　　　　　　(b) 3.12 THz

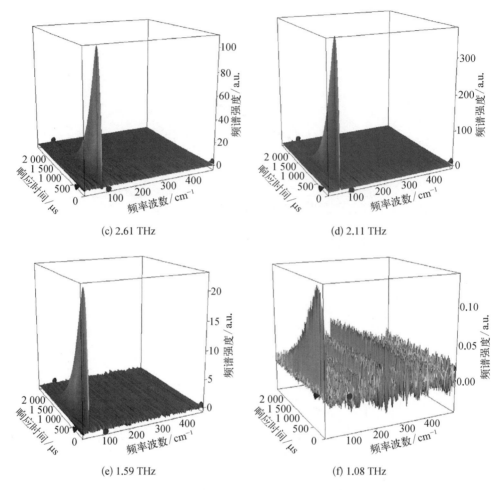

图 6.31 中红外差频波步进扫描频谱图

图 6.32 是太赫兹差频波频率为 2.11 THz 时的频谱特性 ($Y = 125\ \mu s$),从图上可以看出太赫兹波线宽优于 $0.5\ \text{cm}^{-1}$(受光谱仪分辨率设置限制,实际应更小),其单色性可以满足频谱应用。

在太赫兹波能量精准标定上主要有两个问题需要深入考虑,一是探测器对纳秒脉冲的真实响应,二是实验环境中空气对于太赫兹波的吸收损耗。

差频产生的太赫兹波其脉宽只有几纳秒,而我们所用的 Si 微测辐射热计是个慢响应热探测器,时间常数 $t_0$ 在毫秒量级,其对于纳秒脉冲的响应会迅速降低,原先用黑体标定的稳态响应 $R_0$ ($R_0 = 2.94 \times 10^5$ V/W) 此时不再适用。通常的做法是用一个能量已知的中红外纳秒激光源去对 bolometer 重新标定,两个研究小组给出的标定值在 $0.1\sim 0.12$ nJ/V[21-22],张栋文考虑了微测辐射热计对纳秒脉冲响应的瞬态过程,提出先将微测辐射热计的响应曲线进行积分,然后除以其稳态响应

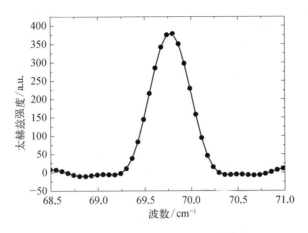

图 6.32　2.11 THz 太赫兹差频频谱特性

度 $R_0$ 的方法来得到单个太赫兹波脉冲能量[23]。另外,我们考虑瞬态响应近似公式 $R \approx R_0(1-\mathrm{e}^{-t/t_0})$ 来估算探测器的响应(这里 $t_0$ 由 Si 微测辐射热计厂家手册取 0.8 ms,而 $t$ 是太赫兹波脉宽,认为和 OPO 激光的脉宽一致,取 3.8 ns)。

Si 微测辐射热计对频率为 2.11 THz 的太赫兹差频波响应为例(图 6.33),其最大响应为 1.957 V,利用三种方法计算得到的太赫兹波峰值功率分别为 51.5 mW,0.99 W 和 1.4 W。后两种方法的计算结果相接近,文献[23]还提出了一种长脉冲构造方法计算响应值,其结果也非常接近第二种计算方法,因此我们采用第二种方法来计算所差频产生的太赫兹波的功率(结果即图 6.28 所示)。

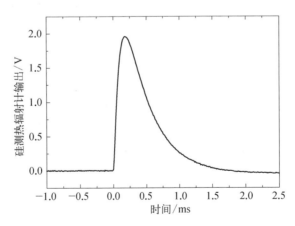

图 6.33　硅 bolometer 对于频率为 2.11 THz 的太赫兹波脉冲的响应

实验中,太赫兹波从晶体表面出射到进入探测器,需要经过两个镀金的抛物面反射镜,两个 Ge 片,以及 bolometer 的窗口和内部滤波片,其光路约 40 cm。我们用傅里叶光谱仪测量了所使用的 1.75 mm 厚 Ge 片和实验室环境下约 1 m 长空气在 0.2~5 THz 的透射谱,如图 6.34 所示。可以看出,Ge 片在太赫兹波段透射变化相对平滑,透过率在 30%～40% 左右;而空气的透过率变化非常陡峭,有非常多的吸收峰(1.10、1.67、2.2、2.38、2.65、2.78、3.0、3.15、3.65、3.82、3.98、4.19、4.5 THz 等),在这些频段,空气(主要是水汽的吸收)会严重衰减太赫兹波功率(如图 6.34 中 1.67 THz 和 3.0 THz 处对应的功率下降),给能量标定带来困难,实验中在估算太赫兹波出射功率时只考虑了 Ge 片和微测辐射热计窗口滤波片对差频产生的太赫兹波的透射衰减。

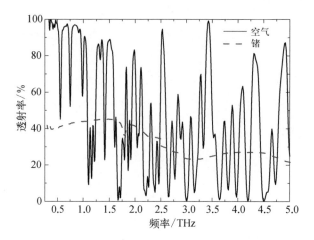

图 6.34  Ge 片和空气在太赫兹波段的透射谱

假设实验中近似达到相位匹配($\Delta k = 0$),由第 5.3 节分析,GaSe 晶体差频最佳长度 $L_f$ 由式(5.4)给出,结果如图 6.35 所示,其中取 $\alpha_1 = \alpha_2 = 0.1\ \text{cm}^{-1}$。

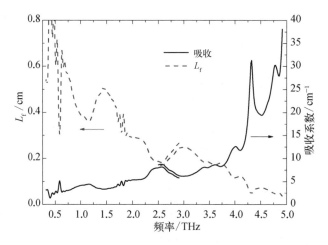

图 6.35  GaSe 晶体在 0.3～4.9 THz 波段的吸收系数 $\alpha_3$ 与差频最佳长度 $L_f$

总的来说,在 0.3～4.9 THz 波段,随着频率增大 GaSe 晶体吸收逐渐变大,对应的最佳长度 $L_f$ 也随之减小。在 1.5 THz 以下,GaSe 吸收系数小于 $5\ \text{cm}^{-1}$,$L_f$ 大于 3 mm，在 0.59 THz 处有一个吸收峰，是由于对应的 E′ Raman 活性模[24]；在 1.5～3.8 THz，吸收系数小于 10 cm$^{-1}$，对应的 $L_f$ 在 1.5～3 mm 范围内；而在 4 THz 以上，GaSe 吸收迅速增加，$L_f$ 也降至 1 mm 以下，尤其在 4.32 THz 强吸收波段的 $L_f$ 只有 0.44 mm。另外，实际实验中由于角度和温度漂移等造成相位失配更加会减小 $L_f$ 值。所以在选择晶体长度时，需要根据所想要差频产生的频段来选择合适的晶体长度。我们在实验中入射泵浦能量和晶体长度都小于文献[25]中的所用条件，但在 3.5 THz 以上所差频产生的太赫兹峰值功率还是要大于文献[25]中响应波段的峰值功率，这说明了较短的晶体可以提高在太赫兹高频段的差频转换效率。需要指出的是，在太赫兹低频段，比如 2 THz 以下，根据图 6.35 分析的结果，用 2～3 mm 或者更长的 GaSe 晶体可以获得更高的差频功率。

## 6.4 掺硫硒化镓晶体太赫兹共线差频实验研究

### 6.4.1 掺硫硒化镓晶体差频理论分析

对于硫组分为 2 wt%～3 wt%，在中红外产生实验中已被证实具有最大的非线性频率转换系数。因此，我们将研究掺硫浓度为：2 wt%（或 GaSe$_{0.91}$S$_{0.09}$）晶体用于高功率太赫兹共线差频产生实验研究。下面首先对其太赫兹共线差频辐射时 I 类"oee"共线相位匹配方式下晶体具体相位匹配角进行理论分析。

根据第 2 章双折射晶体相位匹配知识可知，利用 I 类"oee"共线相位匹配方式进行太赫兹辐射时对晶体相位匹配角的理论计算可以依据如下方程

$$\frac{1}{\lambda_1}n_o(\lambda_1) = \frac{1}{\lambda_2}\left[\frac{\sin^2\theta}{n_e^2(\lambda_2)} + \frac{\cos^2\theta}{n_o^2(\lambda_2)}\right]^{-\frac{1}{2}} + \frac{1}{\lambda_3}\left[\frac{\sin^2\theta}{n_e^2(\lambda_3)} + \frac{\cos^2\theta}{n_o^2(\lambda_3)}\right]^{-\frac{1}{2}} \tag{6.3}$$

对式 6.3 的数值求解，必须要知道掺硫硒化镓晶体在太赫兹波段以及近红外波段处的折射率系数（o 光和 e 光）。对于不同组分的掺硫硒化镓晶体，其在太赫兹及近红外光处的寻常光（o 光）及非寻常光（e 光）折射率系数可以用硒化镓以及硫化镓晶体各自的折射率系数叠加[26]表示

$$n^2(GaS_xSe_{1-x}) = (1-x)n^2(GaSe) + xn^2(GaS) \tag{6.4}$$

其中 $x$ 为硫掺杂组分，在本实验中 $x = 0.09$。GaSe 在 0.65～18 μm 之间的色散方程如(5.7)式所示[27]，GaS 晶体的色散方程具有如下形式[26]

$$n_{o,e}^2 = \frac{A_{o,e}}{\lambda^4} + \frac{B_{o,e}}{\lambda^2} + C_{o,e} + D_{o,e}\lambda^2 + E_{o,e}\lambda^4 \qquad (6.5)$$

其中式(6.5)中波长单位为 μm,相关系数如下

o 光:$A_o = -0.03485$, $B_o = 0.6305$, $C_o = 6.556$, $D_o = -0.001304$,
$E_o = -0.00000203$

e 光:$A_e = -0.03544$, $B_e = 0.3355$, $C_e = 4.954$, $D_e = -0.00088444$,
$E_e = -0.00001115$

结合以上公式,我们理论上可以计算出 $GaSe_{0.91}S_{0.09}$ 晶体在 1 064 nm 泵浦光及附近 OPO 波长太赫兹共线差频"oee"作用时辐射产生的太赫兹波波长与晶体内部相位匹配角之间的依赖关系。

### 6.4.2 掺硫硒化镓晶体太赫兹共线差频实验

图 6.36 是我们使用 GaSe:S 晶体进行光学差频实验的光路示意图,其中 Nd:YAG 激光器是注入种子的单纵模调 Q 激光器,OPO 是窄线宽激光器;HWP 是半波片,用于调整泵浦光的偏振方向,使得 1 064 nm 激光竖直偏振,OPO 激光水平偏振;GP 是格兰偏振棱镜;PBS 是偏振分束棱镜,透过水平偏振的光,反射竖直偏振的光;通过 PBS 和反射镜并在空间上光程延迟来使得两路激光在空间和时间上重合。在本实验中,我们采用同样大小的泵浦光脉冲能量进行太赫兹共线差频实验(1 064 nm 和 OPO 信号光均为 5 mJ),对应其激光峰值功率密度 11.6 MW/cm(1 064 nm)和 22.6 MW/cm(OPO 信号光)。在此激光功率密度下,我们没有观察到任何的晶体损伤现象。实验中使用 5.5 mm 厚的 $GaSe_{0.91}S_{0.09}$ 晶体,其厚度方向为晶体光轴方向,激光入射及出射端面均为自然解离面,且具有大的入射端面(20 mm×30 mm),满足大光斑泵浦的实际需求。该晶体固定在一个三维偏振架上,底部装有精密电动旋转台,可以方便地进行晶体方位角以及俯仰角的调整。OAP1、OAP2 是两个 90°离轴镀金抛物面反射镜。Ge 是 1.5 mm 厚的锗片,可以

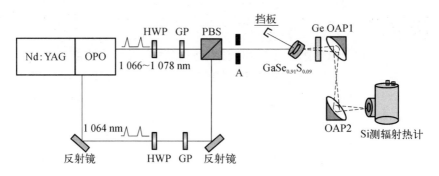

图 6.36 $GaSe_{0.91}S_{0.09}$ 晶体太赫兹共线差频实验光路示意图

HWP:半波片;GP:格兰棱镜;PBS:分束器;OAP1 和 OAP2:离轴抛物面镜;A:小孔光阑。

将泵浦光滤除而将中红外和太赫兹波通过,一个放在两抛物面反射镜中间,一个紧贴在探测器的窗口上;同时我们在实验光路中增加聚乙烯薄片(PE),用来进一步过滤近红外激光信号打在 Ge 片上产生的中红外热信号。对于该差频产生的太赫兹光信号,我们使用液氮温度下的硅微测辐射热计(Si-Bolometer)进行探测,其太赫兹电学信号经高速采样的示波器进行数据显示和记录,并取 10 次采样数据进行平均来减小噪声提高信噪比。

### 6.4.3　太赫兹共线差频实验结果及分析

在实验中,我们观察到高功率宽波段的太赫兹辐射,其太赫兹光偏振方向经自制的金属线栅检测为水平偏振,在晶体内部为非寻常光 e 光存在。在前面的实验介绍中,我们知道 1 064 nm 泵浦光偏振方向为竖直偏振,在晶体内部为寻常光 o 光;而 OPO 信号光偏振方向为水平偏振,在晶体内部为非寻常光 e 光存在。因此,对于本实验中产生的高功率太赫兹辐射,我们可以确定在晶体中发生的是Ⅰ类"oee"相位匹配模式。

图 6.37 给出实验中观察到的太赫兹辐射波长和外部相位匹配角之间的关系。从该图中可以看出,实际辐射产生的太赫兹波长范围为 528.0～84.0 μm(对应频率 0.57～3.57 THz),此时对应的晶体外部相位匹配角变化范围为 7.2°～21.4°以及实际对应的 OPO 信号光输出范围 1 066.3～1 077.8 nm。该实验探测结果与理论计算大体一致,其中在太赫兹辐射长波长区间实验结果与理论计算相差较大,其原因如下:① 本实验中所使用掺杂硫元素的组分与真实值之间的差异;② 对于理论计算中所用的 GaS 晶体色散公式,该公式只在中红外波段有效,无法运用在太赫兹波段。图 6.38 给出差频辐射的太赫兹波波长与实际 OPO 输入信号光波波长之间的关系。

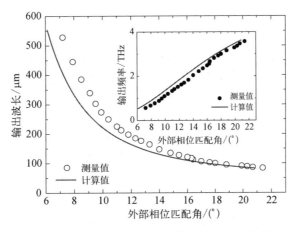

图 6.37　太赫兹波长与外部相位匹配角之间的关系

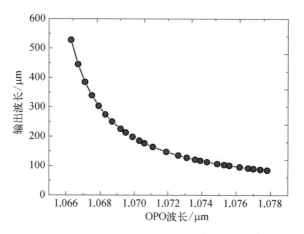

图 6.38　太赫兹波长与 OPO 信号光波长之间的关系

考虑到光路中 Ge、PE 片对太赫兹光的衰减,以及实际光路中空气对太赫兹的吸收以及整个系统中的太赫兹采集效率,我们给出了 $GaSe_{0.91}S_{0.09}$ 晶体太赫兹共线差频实验中辐射出的太赫兹波峰值功率光谱图,如图 6.39 所示。从图中可以看出,该晶体具有非常宽的太赫兹光辐射功率范围(约 20 mW~21.8 W)。实验中探测得到的最大太赫兹辐射峰值功率为 21.8 W(1.62 THz 处),相应的太赫兹光能量转化效率为 $6.54×10^{-5}$,以及太赫兹光光子转化效率 1.14%。该结果与理论分析基本一致。

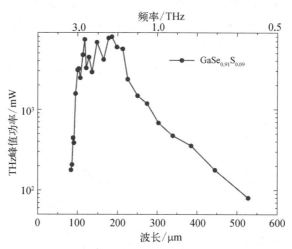

图 6.39　$GaSe_{0.91}S_{0.09}$ 晶体太赫兹波辐射功率光谱

同时,我们发现 $GaSe_{0.91}S_{0.09}$ 晶体辐射的太赫兹光能量转化效率(实验值)要比 Wei Shi 等人使用相似晶体长度的纯 GaSe 材料报道的结果[1](4 mm 长度:$1.77×10^{-5}$;7 mm 长度:$4.5×10^{-5}$)高约 45%。经过详细的分析,其原因可以归结于掺杂之后晶体光学性质的提高。下面为其具体分析过程。

根据共线差频产生太赫兹波功率 $P_3$ 理论计算计算公式(5.1),对于本实验的"oee"相位匹配时,式中的有效非线性系数 $d_{\text{eff}}^{\text{oee}} = d_{22}\cos^2\theta\cos 3\varphi$。相比较于有效非线性光学系数,根据文献 $GaSe_{0.91}S_{0.09}$ 晶体二阶非线性光学系数 $d_{22}$ 为 GaSe 晶体的 0.89 倍[15],在这一方面其太赫兹光能量转化效率将比 GaSe 低 21%。

但是,$GaSe_{0.91}S_{0.09}$ 晶体在太赫兹波段及近红外处具有更加优秀的晶体光学性质。图 6.40 为 $GaSe_{0.91}S_{0.09}$ 晶体和 GaSe 晶体在 1 064 nm 附近波长处的晶体透射光谱(9 360~9 400 $cm^{-1}$)。经分析可知,$GaSe_{0.91}S_{0.09}$ 晶体在 1 064 nm 处折射率系数为 2.48,小于 GaSe 晶体在近红外的折射率 2.7。因此,对于 $GaSe_{0.91}S_{0.09}$ 晶体而言,其在三波作用波段透射率比 GaSe 晶体高 35%。从图 6.41 所示的这两种晶体在近红外波段处的晶体吸收系数可以看出,掺硫硒化镓晶体在近红外处的晶体吸收系数(0.49 $cm^{-1}$)约为纯硒化镓晶体(0.85 $cm^{-1}$)的一半,这将导致 5.5 mm 的掺硫硒化镓晶体比硒化镓晶体吸收小 1.49 倍。此外,$GaSe_{0.91}S_{0.09}$ 晶体在太赫兹波段的折射

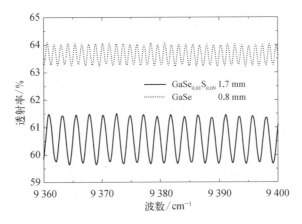

图 6.40 掺硫硒化镓晶体和硒化镓晶体在近红外处的透射光谱

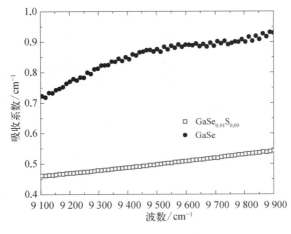

图 6.41 掺硫硒化镓晶体和硒化镓晶体在近红外处的吸收系数光谱

率系数为 3.16[28]，小于 GaSe 晶体在太赫兹波处的折射率系数 3.28。此外，近红外傅里叶透射光谱数据表明 $GaSe_{0.91}S_{0.09}$ 晶体在这一波段光学性质更加优于 GaSe 晶体。

结合以上分析，最终我们理论上计算出 5.5 mm $GaSe_{0.91}S_{0.09}$ 晶体差频辐射产生的太赫兹光能量转化效率要比 GaSe 晶体高约 59%，这与实际中比较的太赫兹能量转化效率提高值 45% 吻合得非常好。

## 6.5 太赫兹传输特性研究

### 6.5.1 太赫兹差频源远距离探测

正如第 1 章已提到的，太赫兹对水汽等极性分子非常敏感，因此在大气中进行太赫兹的远距离传输时必须考虑大气的吸收特性。为此我们计算了 $0 \sim 100 \text{ cm}^{-1}$（$0 \sim 3 \text{ THz}$）范围地面上不同温度和相对湿度时的大气吸收系数，结果如图 6.42、图 6.43 和图 6.44 所示。可以看出，随着温度的升高和湿度的增加，大气吸收将增加，太赫兹波在大气中的传输距离将变短。由图可知，在 0.34 THz 处，温度 10℃ 且相对湿度 20% 的大气吸收系数为 $4.8 \times 10^{-6} \text{ cm}^{-1}$，当湿度上升到 80% 时，吸收系数增大到 $1.4 \times 10^{-5} \text{ cm}^{-1}$，温度 30℃ 且相对湿度 80% 的大气吸收系数为 $6.0 \times 10^{-5} \text{ cm}^{-1}$。表明在该波段，太赫兹在低温干燥空气中能传播几公里，但在潮湿空气中只能传播几百米。吸收系数随着频率的增加而整体增加，同时表现出若干特征吸收峰。在 1.55 THz 处，吸收系数已明显增加。温度 10℃ 且相对湿度 20% 的大气吸收系数 $2.5 \times 10^{-4} \text{ cm}^{-1}$，当湿度上升到 80% 时，吸收系数增大约 3 倍，温度 30℃ 且相对湿度 80% 的大气吸收系数增至 $3.2 \times 10^{-3} \text{ cm}^{-1}$，表明此时只能在空气中传播米距离的量级。

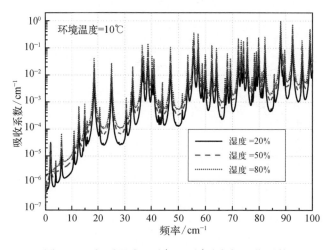

图 6.42 相对湿度 20%～80% 时大气吸收系数

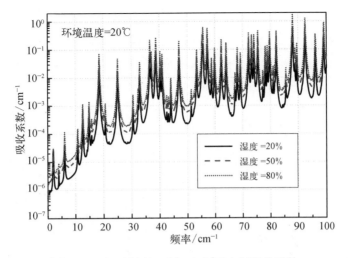

图 6.43　相对湿度 20%～80%时大气吸收系数

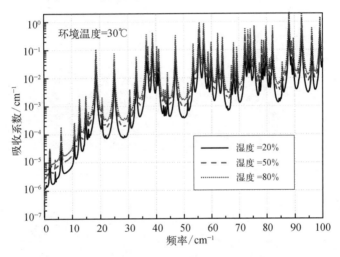

图 6.44　相对湿度 20%～80%时大气吸收系数

根据大气吸收特征,在 0.34 THz 的较低频率实现远距离的大气传输还是具有可行性的,但相关报道甚少。这是因为现有的主要太赫兹产生技术,如 THz-TDS、QCL 激光器和电子学源等在较低频率存在波长长,衍射效应明显,很难进行远距离传输。因此实现太赫兹的远距离传输非常重要。高功率太赫兹差频源的重要应用前景是有实现远距离的探测的可行性。Y. J. Ding 等虽然较早实现了太赫兹差频源,但没有进行距离传输实验的报道。为此,我们根据以上太赫兹差频源实际辐射性能,进行了太赫兹差频源在空气中的传输特性以及太赫兹光束准直优化研究。根据图 6.38 可知,基于掺硫硒化镓晶体的太赫兹辐射源最优峰值功率位于高频处(频率约 2 THz,波长约 150 μm),因此在实验上我们首先选用 1.55 THz 进行远距离太赫兹信号探测。实验中所选用的探测器是商用液氦制冷硅测辐射热计。由于产生的太赫兹光具有一定的发散角，我们采用逐步逼近的过程，逐渐延拓太赫兹探测距离，在只使用平面反射金镜的情况下太赫兹光探测距离从 0.3 m 逐渐增加至 4.5 m，其后在整个光路过程中增加太赫兹透镜，减小太赫兹光发散角，最后在 20 m 远处探测到很强的太赫兹光信号。图 6.45 为 1.55 THz 太赫兹信号 20 m 远距离实验系统图，图 6.46 为 1.55 THz 20 m 远时硅微测辐射热计探测得到的信号波形图，此时示波器显示具有较大的太赫兹探测信号（约 160 mV）。

图 6.45　1.55 THz 太赫兹信号 20 m 距离探测实验系统图

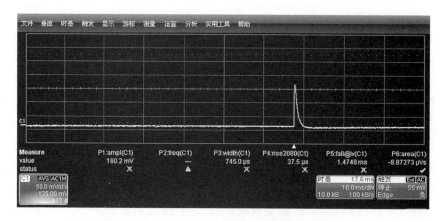

图 6.46　1.55 THz 太赫兹 20 m 远探测信号

在 1.55 THz 太赫兹信号探测 20 m 的基础上，我们还进行了 340 GHz 太赫兹信号远距离探测的实验，由于在此低频波段，太赫兹辐射功率减小，且在此波段太赫兹光发散角要比 1.55 THz 大 10 倍，但其优点是空气的吸收系数变小。经过仔细优化光学系统,我们将光路系统从实验室内向外延伸,成功实现 52 m 距离的太赫兹信号探测(见图 6.47)。根据实验过程中的经验,我们应该能进行更远距离的探测,但目前受到空间距离的限制。因此,我们成功地证明了采用光学差频产生太赫兹的方法能实现远距离的太赫兹探测,而在其他类型的太赫兹源中实现难度比较大。

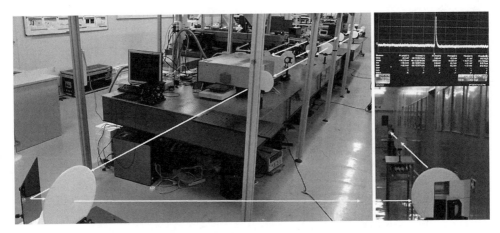

图 6.47  0.34 THz 太赫兹 52 远距离探测

## 6.5.2 太赫兹目标特性研究

此外,我们还利用 1.55 THz 差频源进行了一些常见材料的特性研究,测量了如 A4 白纸、百元人民币、泡沫、树叶、金属等物品在此波段性的太赫兹透/反射光学特性。具体实验结果如下:泡沫、枯树叶、A4 打印纸、百元人民币等在 1.6 THz 波段具有较高的透射性(50%以上),而铝板金属在该波段具有非常高的反射性(90%以上)。

如在实验中我们对 A4 白纸在 1.55 THz 进行太赫兹透射光学性质研究,实验表明,在放置 12 张白纸之后,该太赫兹信号基本完全衰减(见表 6.2)。根据实验数据,经 e 指数数据拟合分析可知,结合实验测量时 A4 打印纸对太赫兹光散射因素,其 A4 白纸在 1.55 THz 波段处的吸收系数应远小于 $80 \text{ cm}^{-1}$(见图 6.48)。

表 6.2  A4 白纸在 1.55 THz 透射光学性质测试

| A4 白纸/张 | 太赫兹信号/mV | A4 白纸透射率/% |
| --- | --- | --- |
| 1 | 810 | 54 |
| 2 | 400 | 26.7 |
| 3 | 230 | 15.3 |
| 4 | 140 | 9.3 |
| 5 | 85 | 5.7 |

续表

| A4 白纸/张 | 太赫兹信号/mV | A4 白纸透射率/% |
|---|---|---|
| 6 | 55 | 3.7 |
| 7 | 28 | 1.9 |
| 8 | 20 | 1.3 |
| 9 | 13 | 0.9 |
| 10 | 6 | 0.4 |
| 11 | 4.5 | 0.3 |
| 12 | 3 | 0.2 |

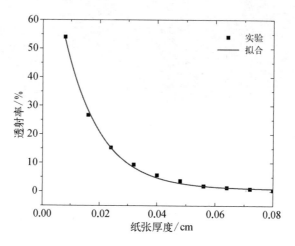

图 6.48  A4 白纸 1.55 THz 透射系数分析

## 6.6 基于外部级联二次差频提高太赫兹波转换效率的分析

根据 Manley-Rowe 关系，对于从 1.064 μm 至 142 μm(2.11 THz)的激光频率转换，其最大转换效率为 $7.5\times10^{-3}$，而我们在 GaSe 晶体中的差频实验结果约 $2.8\times10^{-5}$，相差 2 个数量级（实际由于功率估算的误差，转换效率会更低），这一方面是由于差频时的相位失配和材料吸收所造成的，另一方面，我们测量了从 GaSe 晶体透射出来的泵浦波的能量，考虑 Fernsel 损耗后，其在差频过程中只消耗了不到 20%，大部分的能量并未进行转换。

Cronin-Golomb 在 2004 年提出了级联差频来增强太赫兹波转换效率的概念，并在 ZnTe 晶体中进行了理论分析[29]，钟凯也研究了该方法，计算结果表明最优级联差频的转换效率甚至可以大于 Manley-Rowe 关系[30]。在实验上，Schaar

等人报道了利用周期反转的 GaAs 晶体在谐振腔内差频,观察到了两阶斯托克斯光[31],Kiessling 等人在周期极化反转的 LiNbO₃ 中观察到级联光学参量振荡过程(如图 6.49 所示),可增强 1~5 THz 频率范围内的太赫兹波强度[9]。但这种依靠单个晶体的级联差频方式,一方面晶体长度受泵浦波长所限制,当改变泵浦波长时,其级联方式很难再保持相位上的一致性,相位失配会迅速增大从而降低转换效率;另一方面,级联差频对差频转换效率的提高受级联次数所决定,一般 5 次以上才有明显作用[30],但多次级联在实验中很难实现,Schaar 和 Kiessling 等人的实验中级联次数限于 2 次,因此实验中这种内部级联差频对转换效率的提高作用并不明显。

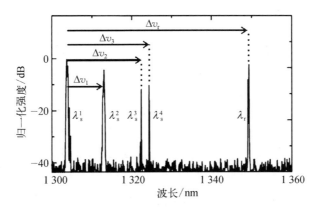

图 6.49　PPLN 中观察到级联光学参量振荡[32]

由式(5.1)可知晶体中差频作用长度 $L$ 在很大程度上影响了转换效率,但由于大多非线性晶体在太赫兹波段的吸收较大,根据第 2 章的分析结果,并不能单纯通过增加晶体长度来增强差频转换效率。这里提出二次差频的概念,为区别于前面提到的级联差频,称为外部级联二次差频,其核心内容是将近红外泵浦激光先下转换成中红外激光,利用非线性晶体在中红外波段吸收很小以及中红外差频转换效率高的特点,通过使用长晶体进行中红外差频,然后再由所得到的中红外激光差频产生太赫兹波,这样间接提高了作用长度,从而来提升整体的太赫兹波转换效率,另外由式(5.1)可知,更长的泵浦光波长可以获得更高的差频转换效率。

外部级联二次差频的示意图如图 6.50 所示,我们以 1.064 μm 激光泵浦差频产生 300 μm 太赫兹波为例进行简要分析说明。

图 6.48 中①为单次差频过程示意图,其中使用两路波长为 1 064 nm 和 1 067.8 nm 的激光进行差频,产生 300 μm 波长信号,由光子转换概念,300 μm 的光子全部来源于 1 064 nm 光子的部分转换;图 6.48 中②为外部级联二次差频过程示意图,其中将与"①"中同样功率的 1 064 nm 激光(即同样的光子数)等分成两

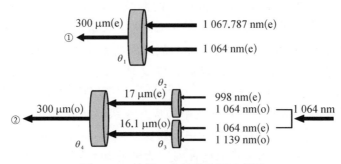

图 6.50　外部二次级联差频示意图

路,一路与 998 nm 波长激光差频产生 17 μm 的激光,另一路与 1 139 nm 波长激光差频产生 16.1 μm 的激光,然后这 16.1 μm 和 17 μm 的激光差频产生 300 μm 的太赫兹波,依光子转换角度,所产生的 300 μm 的光子来源于 16.1 μm 泵浦光,而 16.1 μm 的光子来源于 1 064 nm 泵浦光,这样即 300 μm 差频信号的能量全部来源于初始的 1 064 nm 泵浦激光。

从转换效率上来看,外部级联二次差频过程主要有三点提高:

① 由(2.16)式,提高信号光强度可以增强差频过程的极化强度,两路 998 nm 激光和 1 139 nm 激光的注入,加强了整个太赫兹差频过程的转换效率。

② 中红外差频可以选择的非线性晶体,较多晶体具有高的非线性系数和高的损伤阈值,同时在中红外的吸收很小,差频时可以使用相对很长(>10 mm)的晶体来提高转换效率,文献[33]中报道了利用 GaSe 和 CdSe 晶体进行的中红外差频产生,在 7 μm 和 18 μm 处的光子转换效率达到了 50% 和 30%。

③ 中红外波长(比如 10 μm)的泵浦光差频产生太赫兹波的转换效率也是远远高于近红外波长(1 μm 左右)泵浦的,文献[34]中使用输出波长 10.6 μm 和 10.3 μm 的 $CO_2$ 双波长激光器在 GaAs 晶体中差频产生了约 2.8 MW 峰值功率的 340 μm 信号,其转换效率达到了约 $10^{-3}$。

参考以上几点,我们有理由相信,通过这种外部级联二次差频的方法可以提高太赫兹波的转换效率。另外,我们设计了基于该方法的全固态实现方法,如图 6.51 所示,图中 NLC 是非线性光学晶体,PBS 和 HWP 是相应的偏振分光棱镜和半波片,细线表示电连接,粗线表示光路。由 Nd∶YAG 固态激光器出射的 1 064 nm 波长激光经倍频模块产生 532 nm 激光进行泵浦双波长光学参量振荡器,产生近简并点附近的两路激光,分别与剩余的 1 064 nm 激光在两个非线性晶体中进行光学差频,产生的两路中红外波长激光经光路准直后在第三个非线性光学晶体中差频产生太赫兹波,计算机给出系统参数指令,改变双波长 OPO 出射的激光波长,从而进行太赫兹波的调谐。

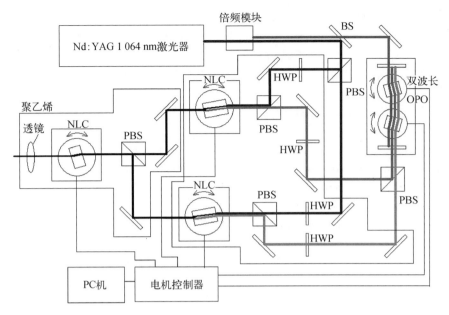

图 6.51　外部级联二次差频全固态装置示意图

## 参 考 文 献

[1] Shi W, Ding Y J, Fernelius N, et al. Efficient, tunable, and coherent 0.18 – 5.27 – THz source based on GaSe crystal. Optics Letters 2002, 27 (16): 1454 – 1456.

[2] Lu J X, Wang B B, Huang J G, et al. Terahertz and mid-infrared tunable source based on difference frequency generation in GaSe crystal. Proceedings of SPIE, 2011, 8195 (1): 819513.

[3] Finsterbusch K, Bayer A, Zacharias H. Tunable, narrow-band picosecond radiation in the mid-infrared by difference frequency mixing in GaSe and CdSe. Applied Physics B-Lasers and Optics 2004, 79(4): 457 – 462.

[4] Huang J G, Huang Z M, Tong J C, et al. Intensive terahertz emission from $GaSe_{0.91}S_{0.09}$ under collinear difference frequency generation. Applied Physics Letters, 2013, 103(8): 081104.

[5] Ding Y J J, Zotoval B. Second-order nonlinear optical materials for efficient generation and amplification of temporally-coherent and narrow-linewidth terahertz waves. Optical and Quantum Electronics, 2000, 32(4 – 5): 531 – 552.

[6] Ding Y J J. High-power tunable terahertz sources based on parametric processes and applications. IEEE Journal of Selected Topics in Quantum Electronics 2007, 13 (3): 705 – 720.

[7] Taniuchi T, Okada S, Nakanishi H. Widely-tunable THz-wave generation in 2 – 20 THz range from DAST crystal by nonlinear difference frequency mixing. Electronics Letters 2004, 40(1): 60 – 62.

[8] Brunner F D J, Kwon O P, Kwon S J, et al. A hydrogen-bonded organic nonlinear optical crystal for high-efficiency terahertz generation and detection. Optics Express, 2008, 16(21): 16496 - 16508.

[9] 陆金星. 太赫兹差频产生与太赫兹波热探测的研究. 中国科学院研究生院博士学位论文, 2012.

[10] 王兵兵. 基于非线性光学差频和参量效应的太赫兹源研究. 中国科学院研究生院硕士学位论文, 2011.

[11] Suhre D R, Singh N B, Balakrishna V, et al. Improved crystal quality and harmonic generation in GaSe doped with indium. Optics Letters, 1997, 22(11): 775 - 777.

[12] Fernelius N C. Properties of gallium selenide single crystal. Progress in Crystal Growth and Characterization of Materials, 1994, 28(4): 275 - 353.

[13] Feng Z S, Kang Z H, WuF G, et al. SHG in doped GaSe: In crystals. Optics Express, 2008, 16(13): 9978 - 9985.

[14] Zhang Y F, Wang R, Kang Z H, et al. $AgGaS_2$ - and Al-doped GaSe crystals for IR applications. Optics Communications, 2011, 284(6): 1677 - 1681.

[15] Kang Z H, Guo J, Feng Z S, et al. Tellurium and sulfur doped GaSe for mid-IR applications. Applied Physics B-Lasers and Optics, 2012, 108(3): 545 - 552.

[16] Hsu Y K, Chen C W, Huang J Y, et al. Erbium doped GaSe crystal for mid-IR applications. Optics Express, 2006, 14(12): 5484 - 5491.

[17] 曲丽丽. GaSe：Te(Al, S, $AgGaS_2$)晶体光学特性、损伤阈值及频率转换的研究. 吉林大学硕士学位论文, 2010.

[18] Brebner J L. The optical absorption edge in layer structures. Journal of Physics Chemistry Solids, 1964, 25(12): 1427 - 1433.

[19] 罗志伟, 古新安, 朱韦臻, 等, 掺硫硒化镓晶体在太赫兹波段的光学特性. 光学精密工程, 2011, 19(2): 354 - 359.

[20] Gasanly N M. Effect of crystal disorder on linewidth of the Raman modes in $GaS_{1-x}Se_x$ layered mixed crystals. Crystal Research and Technology, 2003, 38(11): 962 - 967.

[21] Houard A, Liu Y, Mysyrowicz A, et al. Calorimetric detection of the conical terahertz radiation from femtosecond laser filaments in air. Applied Physics Letters, 2007, 91(24): 241105.

[22] Miyamoto K, Ohno S, Fujiwara M, et al. Optimized terahertz-wave generation using BNA-DFG. Optics Express, 2009, 17(17): 14832 - 14838.

[23] Zhang D W. Tunable terahertz wave generation in GaSe crystals. Proceedings of SPIE, 2009, 7277: 727710 - 727710 - 7.

[24] Kuroda N, Ueno O, Nishina Y. Lattice-dynamic and photoelastic properties of GaSe under high-pressures studied by Raman-scattering and electronic susceptibility. Physical Review B, 1987, 35(8): 3860 - 3870.

[25] Ding Y J, Shi W. Widely tunable monochromatic THz sources based on phase-matched difference-frequency generation in nonlinear-optical crystals: A novel approach. Laser Physics, 2006, 16(4): 562 - 570.

[26] KuS A, Luo C W, Lio H L, et al. Optical properties of nonlinear solid solution GaSe$_{1-x}$S$_x$ ($0 < x \leqslant 0.4$) crystals. Russian Physics Journal, 2008, 51(10): 1083-1089.

[27] Vodopyanov K L, Kulevskiil A. New Dispersion Relationships for GaSe in the 0.65-18 μm Spectral Region. Optics Communications, 1995, 118(3-4): 375-378.

[28] Nazarov M M, Sarkisov S Y, Shkurinov A P, et al. GaSe$_{1-x}$S$_x$ and GaSe$_{1-x}$Te$_x$ thick crystals for broadband terahertz pulses generation. Applied Physics Letters, 2011, 99(8): 081105.

[29] Cronin-Golomb M. Cascaded nonlinear difference-frequency generation of enhanced terahertz wave production. Optics Letters, 2004, 29(17): 2046-2048.

[30] 钟凯,姚建铨,徐德刚,等. 级联差频产生太赫兹辐射的理论研究. 物理学报, 2011, 60(3): 285-292.

[31] Schaar J E, Vodopyanov K L, Kuo P S, et al. Terahertz sources based on intracavity parametric down-conversion in quasi-phase-matched gallium arsenide. IEEE Journal of Selected Topics in Quantum Electronics, 2008, 14(2): 354-362.

[32] Kiessling J, Sowade R, Breunig I, et al. Cascaded optical parametric oscillations generating tunable terahertz waves in periodically poled lithium niobate crystals. Optics Express, 2009, 17(1): 87-91.

[33] Finsterbusch K, Bayer A, Zacharias H. Tunable, narrow-band picosecond radiation in the mid-infrared by difference frequency mixing in GaSe and CdSe. Applied Physics B-Lasers and Optics, 2004, 79(4): 457-462.

[34] Tochitsky S Y, Ralph J E, Sung C, et al. Generation of megawatt-power terahertz pulses by noncollinear difference-frequency mixing in GaAs. Journal of Applied Physics, 2005, 98(2): 026101.

# 第 7 章

# 多种其他晶体太赫兹差频特性

第 6 章介绍了利用 GaSe 晶体及掺硫 GaSe 晶体差频产生太赫兹源。除 GaSe 晶体外,随着晶体材料生长技术的发展,人们发现越来越多的适于产生太赫兹差频源的晶体。因此还可考虑其他非线性晶体来产生太赫兹源。现阶段一些重要的中红外单轴晶体如 $ZnGeP_2$、CdSe、$AgGaS_2$、$AgGaSe_2$,它们有很宽的红外透光范围、较大的非线性系数,以及大的光损伤阈值,已广泛应用于中红外光学频率转换过程,而它们在太赫兹波段吸收相对合适,可利用双折射特性实现差频相位匹配,且相对于 GaSe 材料,这些晶体的机械特性要好很多,可沿任意角度切割和抛光处理。本章将结合非线性光学差频理论,分析并比较基于 $ZnGeP_2$、CdSe、$AgGaS_2$、$AgGaSe_2$ 这四种晶体通过双折射相位匹配方式差频产生太赫兹波的相位匹配角、有效非线性系数、走离角、允许角等差频参数特性,并与 GaSe 晶体的差频参数特性进行比较,从而选择更加适合差频产生太赫兹的非线性晶体。

## 7.1 材料基本特性

### 7.1.1 $ZnGeP_2$ 晶体

$ZnGeP_2$(ZGP)属于黄铜矿类晶体,四方结构,$\bar{4}2m$ 点群,晶体常数 $a = 0.5465$ nm,$c = 1.0708$ nm,透光范围为 $0.74 \sim 12~\mu m$,其二次非线性系数比 GaSe 略大,$d_{36} = 75$ pm/V$(9.6~\mu m)$。ZGP 是正单轴晶体,其色散方程为[1]

$$n_o^2(\lambda) = 4.4733 + \frac{5.26575\lambda^2}{\lambda^2 - 0.13381} + \frac{1.49085\lambda^2}{\lambda^2 - 662.55} \tag{7.1}$$

$$n_e^2(\lambda) = 4.63318 + \frac{5.34215\lambda^2}{\lambda^2 - 0.14255} + \frac{1.45795\lambda^2}{\lambda^2 - 662.55} \tag{7.2}$$

图 7.1 是实验室 ZGP 晶体的实物照片和根据式(7.1)、式(7.2)计算的折射率。ZGP 有着大的非线性系数和正双折射效应,是用于中红外和太赫兹波段高效的非线性光学材料,早在 1972 年,美国 Bell 实验室的 Boyd 和 Bridges 等人就利用两台 $CO_2$ 激光器在 ZGP 晶体中产生了调谐范围为 $70\sim110$ $cm^{-1}$ 的太赫兹波,在 83.37 $cm^{-1}$ 处功率约 1.7 $\mu W$[2]。2002 年,Shi 和 Ding 通过退火降低了 ZGP 晶体对 1 $\mu m$ 左右波段的吸收,在 12 mm 长的 ZGP 晶体中通过 I 类和 II 类相位匹配方式分别实现了 $66.5\sim300$ $\mu m$ 和 $72.7\sim237$ $\mu m$ 的可调谐太赫兹波,最高功率转换效率为 $6.7\times10^{-5}$(97 $\mu m$)和 $3.6\times10^{-5}$(123 $\mu m$)[3]。英国 BAE 公司现可生长出高质量的 ZGP 晶体,其报道了在 15 mm 长 ZGP 晶体中利用光纤激光器泵浦实现了 1.38 THz 单频处重复频率 100 kHz,平均功率 2 mW,转换效率达 0.137% 的差频太赫兹波产生[4]。

 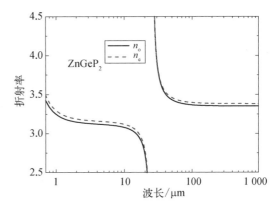

图 7.1 ZGP 晶体实物照片和折射率

## 7.1.2 CdSe 晶体

CdSe 晶体属于六方晶系,6 $mm$ 点群,晶格常数 $a=0.430$ nm, $c=0.702$ nm,具有很宽的红外透光范围($0.74\sim25$ $\mu m$)。CdSe 晶体是正单轴晶体,二阶非线性系数 $d_{31}=18$ pm/V,其色散方程[5]

$$n_o^2(\lambda) = 4.2243 + \frac{1.7680\lambda^2}{\lambda^2 - 0.2270} + \frac{3.1200\lambda^2}{\lambda^2 - 3380} \tag{7.3}$$

$$n_e^2(\lambda) = 4.2009 + \frac{1.8875\lambda^2}{\lambda^2 - 0.2171} + \frac{3.6461\lambda^2}{\lambda^2 - 3629} \tag{7.4}$$

CdSe 晶体广泛用于中红外波段的频率转换过程[6-7]。1998 年,Vodopyanov 使用 2.8 $\mu m$ 激光泵浦的 CdSe OPO 实现了 $8\sim13$ $\mu m$ 的峰值功率兆瓦量级的中红外波[8],2004 年 Finsterbusch 等人利用皮秒激光器在 12 mm 长 CdSe 晶体中差频实现了 $9\sim24.1$ $\mu m$,最大功率 21 $\mu J$(11 $\mu m$)和 0.3 $\mu J$(24 $\mu m$)的中红外波[9],但 CdSe 晶体用于差频产生太赫兹波的实验还未见报道,图 7.2 是 CdSe 晶体的实物

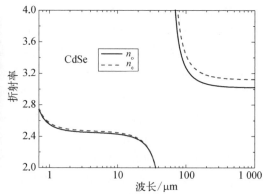

图 7.2　CdSe 晶体实物照片和折射率

照片和根据式(7.3)、式(7.4)计算的折射率随波长变化情况。

### 7.1.3　AgGaS$_2$ 晶体

AgGaS$_2$(AGS)属于 $\bar{4}2m$ 点群，负单轴晶体，晶体常数 $a = 0.5742$ nm，$c = 1.026$ nm，透光范围 $0.47\sim13$ μm，$1.064$ μm 处的吸收系数约 $0.01$ cm$^{-1}$，二阶非线性系数 $d_{36}(1064\ \text{nm}) = 23.6$ pm/V，被广泛用于中红外波段的光学差频和光学参量振荡[10-12]，其色散方程[13]

$$n_o^2(\lambda) = 3.3970 + \frac{2.3982\lambda^2}{\lambda^2 - 0.09311} + \frac{2.1640\lambda^2}{\lambda^2 - 950.0} \tag{7.5}$$

$$n_e^2(\lambda) = 3.5873 + \frac{1.9533\lambda^2}{\lambda^2 - 0.11066} + \frac{2.3391\lambda^2}{\lambda^2 - 1030.7} \tag{7.6}$$

计算结果如图 7.3 所示。

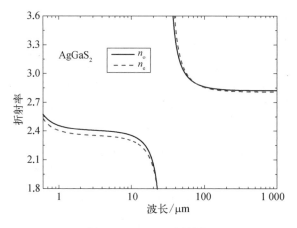

图 7.3　AgGaS$_2$ 折射率

### 7.1.4 AgGaSe$_2$ 晶体

AgGaSe$_2$(AGSe)也属于 $\overline{4}2m$ 点群,负单轴晶体,晶体常数 $a = 0.59220$ nm,$c = 1.08803$ nm,透光范围 $0.71 \sim 19$ μm,$1.064$ μm 处的吸收系数约 $0.006$ cm$^{-1}$,$d_{36}(10.6$ μm$) = 33$ pm/V,其 o 光和 e 光的折射率色散方程见式(7.7)、式(7.8)[14],计算结果如图 7.4 所示。

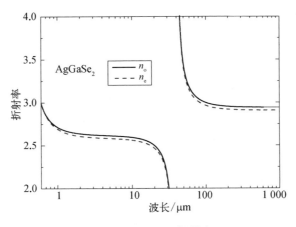

图 7.4　AgGaSe$_2$ 折射率

AGSe 相对于 AGS 晶体,有更大的二阶非线性系数和红外透光范围,还可以用于 CO$_2$ 激光器的差频、和频等频率转换过程[11],但迄今为止,用于太赫兹差频的相关实验还未见文献报道。

$$n_o^2(\lambda) = 3.9362 + \frac{2.9113\lambda^2}{\lambda^2 - 0.38821^2} + \frac{1.7954\lambda^2}{\lambda^2 - 1600} \tag{7.7}$$

$$n_e^2(\lambda) = 3.3132 + \frac{3.3616\lambda^2}{\lambda^2 - 0.38201^2} + \frac{1.7677\lambda^2}{\lambda^2 - 1600} \tag{7.8}$$

## 7.2　太赫兹差频特性

这里采用第 6 章同样的共线差频配置,即以 Nd:YAG 激光器输出的波长 $\lambda_1 = 1.0645$ μm 激光作为一路泵浦光,窄线宽 OPO 振荡器输出的波长 $\lambda_2 = 1.065 \sim 1.083$ μm 的可调谐激光作为另一路泵浦光,对应的太赫兹差频波波长范围 $\lambda_3 = 60 \sim 2000$ μm(频率 $\omega_3 = 0.15 \sim 5$ THz)。通过选择不同的偏振状态和角调特性,来满足差频相位匹配条件,为便于和 GaSe 晶体的结果比较,晶体长度都取为 1 mm。

## 7.2.1 相位匹配角

首先分析四种晶体在不同相位匹配类型下的相位匹配角 $\theta$。我们计算了 ZGP 晶体在 I 类"oee"和 II 类"oeo"相位匹配方式下的情况，如图 7.5, 7.6 所示。

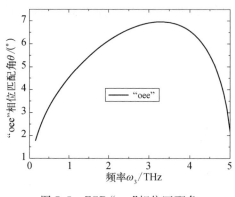

图 7.5  ZGP "oee" 相位匹配角　　　　图 7.6  ZGP "oeo" 相位匹配角

这两类方式的相位匹配角 $\theta$ 非常接近，"oee"方式为 $1.78° \sim 6.96°$，"oeo"方式为 $1.78° \sim 6.94°$，最大相位匹配角都出现在 $\omega_3 = 3.3\,\text{THz}$ 处。相对于 GaSe 的同类型配置，ZGP 的相位匹配角略小，特别在 $\omega_3 > 4\,\text{THz}$ 时，要比 GaSe 的小 3° 以上，且角度变化范围只有 $5.18°$，优于 GaSe 晶体。

对于 CdSe 晶体，I 类"eoo"和 II 类"eoe"相位匹配方式可以满足部分太赫兹波差频产生条件，如图 7.7 和图 7.8 所示。可以看出，两种方式的相位匹配角都随着太赫兹波频率提高而迅速提高，角度变化范围相当大，从约 5° 一直到接近 90°，其中对"eoo"方式中 $\omega_3 > 4.3\,\text{THz}$ 和"eoe"方式中 $\omega_3 > 4.1\,\text{THz}$ 时的情况已不能通过角调来满足相位匹配条件。因此从相位匹配角上来看，CdSe 晶体并不太适合高频段的太赫兹差频产生。另外我们也计算了 CdSe 晶体差频产生中红外的情况，发现对于泵浦波长小于 $2\,\mu\text{m}$ 的情况，不能实现中红外的角调相位匹配条件。

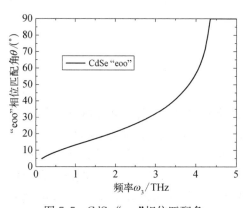 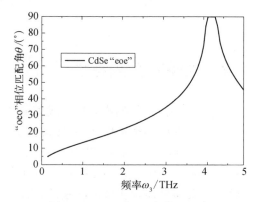

图 7.7  CdSe "eoo" 相位匹配角　　　　图 7.8  CdSe "eoe" 相位匹配角

AGS 晶体 I 类"oee"和 II 类"oeo"相位匹配方式差频产生太赫兹波的相位匹配角随频率变化关系如图 7.9,7.10 所示。对于 $\omega_3 = 0.15 \sim 5\,\text{THz}$ 的情况,相位匹配角 $\theta$ 在"oee"方式下变化范围为 $2.95° \sim 21.60°$,在"oeo"方式下为 $2.95° \sim 21.65°$,两类相位匹配角非常接近,"oeo"方式的比"oee"方式的略大,且都随着太赫兹频率提高而逐渐单调线性增加。

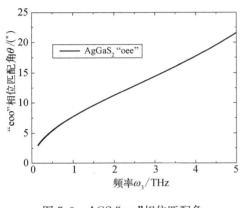

图 7.9 AGS "oee"相位匹配角

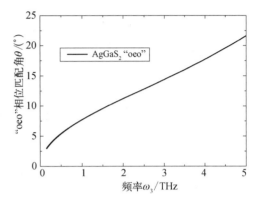

图 7.10 AGS "oeo"相位匹配角

AGSe 晶体的情况与 AGS 晶体类似,I 类"oee"和 II 类"oeo"相位匹配方式可差频产生太赫兹波,其相位匹配角随频率变化关系如图 7.11 和图 7.12 所示。相位匹配角 $\theta$ 在"oee"方式下为 $1.92° \sim 27.78°$,在"oeo"方式下为 $1.92° \sim 28.20°$,其角度调谐范围相比较于 AGS 晶体的要大。

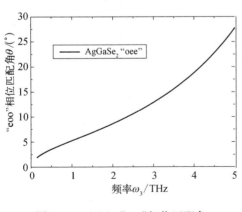

图 7.11 AGSe "oee"相位匹配角

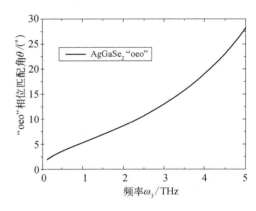

图 7.12 AGSe "oeo"相位匹配角

从以上计算结果可以看出,ZGP、AGS、AGSe 晶体都可以进行很宽波段的太赫兹波差频产生,而 CdSe 晶体在 $1\,\mu\text{m}$ 左右波长的激光泵浦时相位匹配角变化范围太大,并不适合宽波段的太赫兹波差频过程。

## 7.2.2 有效非线性系数

公式(5.1)表明,差频波的产生功率 $P_3$ 正比于有效非线性系数 $d_{eff}$ 的平方,因此需要计算比较这四种晶体在不同相位匹配条件下的 $d_{eff}$ 值。$d_{eff}$ 与相位匹配角 $\theta$ 和方位角 $\varphi$ 有关,由表2.2,对于正单轴 ZGP 晶体(Kleinman 对称条件成立时,$d_{14}=d_{25}=d_{36}$)

$$d_{eff}^{oee} = d_{36}\sin 2\theta \cos 2\varphi, \quad d_{eff}^{oeo} = d_{36}\sin\theta \sin 2\varphi \tag{7.9}$$

正单轴 CdSe(Kleinman 对称条件成立时,$d_{15}=d_{24}=d_{31}=d_{32}$)

$$d_{eff}^{eoo} = d_{36}\sin\theta\sin 2\varphi, \quad d_{eff}^{eoe} = 0 \tag{7.10}$$

负单轴 AgGaS$_2$(Kleinman 对称条件成立时,$d_{14}=d_{25}=d_{36}$)

$$d_{eff}^{oee} = -d_{36}\sin\theta\sin 2\varphi, \quad d_{eff}^{oeo} = d_{36}\sin 2\theta\cos 2\varphi \tag{7.11}$$

负单轴 AgGaSe$_2$(Kleinman 对称条件成立时,$d_{14}=d_{25}=d_{36}$)

$$d_{eff}^{oee} = -d_{36}\sin\theta\sin 2\varphi, \quad d_{eff}^{oeo} = d_{36}\sin 2\theta\cos 2\varphi \tag{7.12}$$

利用7.2.1节中计算的相位匹配角数值,代入式(7.9)～式(7.12),得到 ZGP、CdSe、AGS、AGSe 晶体差频产生太赫兹波时的有效非线性系数与太赫兹波频率关系,如图7.13至图7.16所示,其中为使得 $d_{eff}$ 最大,通过旋转晶体使得方位角在不同对应情况下满足 $|\sin 2\varphi|=1$ 或 $|\cos 2\varphi|=1$。从图上可以看出,对于 ZGP 晶体,"oee"匹配方式的 $d_{eff}$ 要比"oeo"匹配方式的大2倍左右,在 $\omega_3=3.3$ THz 处最大,$d_{eff}=18.03$ pm/V;CdSe 晶体"eoo"匹配方式的 $d_{eff}$ 随 $\omega_3$ 频率提高而增大,在 $\omega_3=4$ THz 处为15.04 pm/V,而其"eoe"匹配方式由于晶体对称性导致有效非线性系数 $d_{eff}$ 为0,所以"eoe"匹配方式不能用于差频产生;AGS 晶体中,"oeo"匹配方式的 $d_{eff}$ 从2.43 pm/V 到16.19 pm/V,而"oee"匹配方式的 $d_{eff}$ 从1.22 pm/V 到8.69 pm/V,AGSe 晶体中,"oeo"匹配方式的 $d_{eff}$ 从2.21 pm/V 到27.49 pm/V,而"oee"匹配方式的 $d_{eff}$ 从1.10 pm/V 到15.38 pm/V,两种晶体均是"oeo"匹配方式的有效非线性系数较大,也说明"oeo"相位匹配方式更加适合用于太赫兹波差频产生。

## 7.2.3 走离角

在单轴晶体双折射相位匹配时 e 光的"走离效应"会使得不同偏振状态的泵浦波和差频波在空间重合性逐渐降低,尤其当晶体很长时会较明显降低差频转换效率。在"oee"相位匹配中,OPO 输出激光 $\lambda_2$ 和太赫兹差频波 $\lambda_3$ 都是 e 光;在"oeo"相位匹配时,只有 OPO 输出激光 $\lambda_2$ 是 e 光;而对于"eoo"相位匹配,Nd:YAG 激光器输出的波长 $\lambda_1$ 为 e 光,这些偏振方向的 e 光会在太赫兹波差频过程中存在走离角。

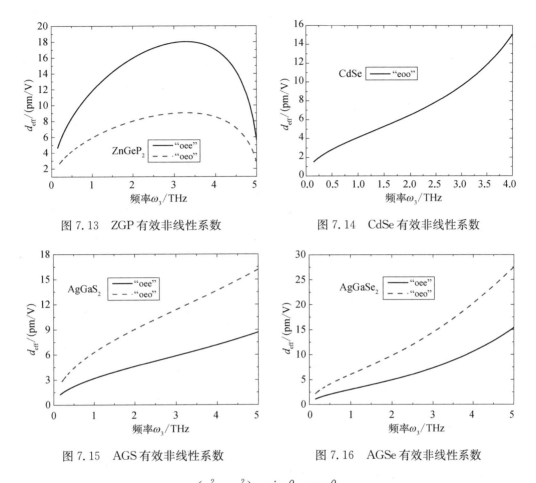

图 7.13 ZGP 有效非线性系数

图 7.14 CdSe 有效非线性系数

图 7.15 AGS 有效非线性系数

图 7.16 AGSe 有效非线性系数

根据式(2.30)：$\tan\alpha = \dfrac{(n_e^2 - n_o^2) \cdot \sin\theta \cdot \cos\theta}{n_e^2 \cos^2\theta + n_o^2 \sin^2\theta}$，我们计算了四种晶体在不同相位匹配类型时 e 光的走离角，如图 7.17 至图 7.20 所示。

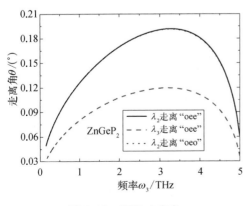

图 7.17 ZGP 走离角

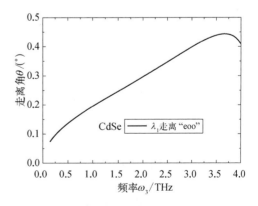

图 7.18 CdSe 走离角

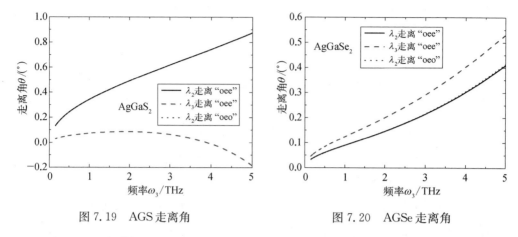

图 7.19　AGS 走离角　　　　　　　图 7.20　AGSe 走离角

对于 ZGP 晶体,"oee"相位匹配时其 $\lambda_2$ 的走离角最大为 $0.19°$,而 $\lambda_3$ 的走离角最大只有 $0.12°$;对于 CdSe 晶体,其"eoo"相位匹配时 $\lambda_1$ 的走离角最大为 $0.44°$,对应差频波频率 $\omega_3$ 为 3.66 THz;AGS 以及 AGSe 晶体中"oee"情况下,$\lambda_2$、$\lambda_3$ 的最大走离角分别只有 $0.88°$、$0.08°$ 和 $0.41°$、$0.53°$;ZGP、AGS 和 AGS 晶体"oee"和"oeo"相位匹配时 $\lambda_2$ 的走离角都非常接近,在宽波段太赫兹波差频时非常小的走离角表明其走离效应可以忽略。与图 6.12 相比较可以看出,以上四种晶体进行太赫兹差频时 e 光的走离角都要远小于 GaSe 晶体。

### 7.2.4　允许角

结合 5.4 节中的分析,我们对四种晶体不同相位匹配类型时的"允许角"$\Delta\theta$ 进行计算,估算角度调谐对于差频效率的影响,计算结果如图 7.21 至图 7.24 所示。计算时设定晶体长度均为 1 mm。

对于"oee"相位匹配,

$$\Delta\theta = \left| \frac{0.886}{L} \cdot \left[ \begin{array}{l} \dfrac{1}{\lambda_2} \cdot \left( \dfrac{\sin^2\theta}{n_e^2(\lambda_2)} + \dfrac{\cos^2\theta}{n_o^2(\lambda_2)} \right)^{-3/2} \cdot \sin 2\theta \cdot \left( \dfrac{1}{n_e^2(\lambda_2)} - \dfrac{1}{n_o^2(\lambda_2)} \right) \\ + \dfrac{1}{\lambda_3} \cdot \left( \dfrac{\sin^2\theta}{n_e^2(\lambda_3)} + \dfrac{\cos^2\theta}{n_o^2(\lambda_3)} \right)^{-3/2} \cdot \sin 2\theta \cdot \left( \dfrac{1}{n_e^2(\lambda_3)} - \dfrac{1}{n_o^2(\lambda_3)} \right) \end{array} \right]^{-1} \right|$$

(7.13)

对于"oeo"相位匹配,

$$\Delta\theta = \left| \frac{0.886}{L} \cdot \left[ \frac{1}{\lambda_2} \cdot \left( \frac{\sin^2\theta}{n_e^2(\lambda_2)} + \frac{\cos^2\theta}{n_o^2(\lambda_2)} \right)^{-3/2} \right. \right.$$

$$\cdot \sin(2\theta) \cdot \left(\frac{1}{n_e^2(\lambda_2)} - \frac{1}{n_o^2(\lambda_2)}\right)\Bigg]^{-1}\Bigg| \tag{7.14}$$

对于"eoo"相位匹配,

$$\Delta\theta = \Bigg|\frac{0.886}{L} \cdot \Bigg[\frac{1}{\lambda_1} \cdot \left(\frac{\sin^2\theta}{n_e^2(\lambda_1)} + \frac{\cos^2\theta}{n_o^2(\lambda_1)}\right)^{-3/2}$$

$$\cdot \sin(2\theta) \cdot \left(\frac{1}{n_e^2(\lambda_1)} - \frac{1}{n_o^2(\lambda_1)}\right)\Bigg]^{-1}\Bigg| \tag{7.15}$$

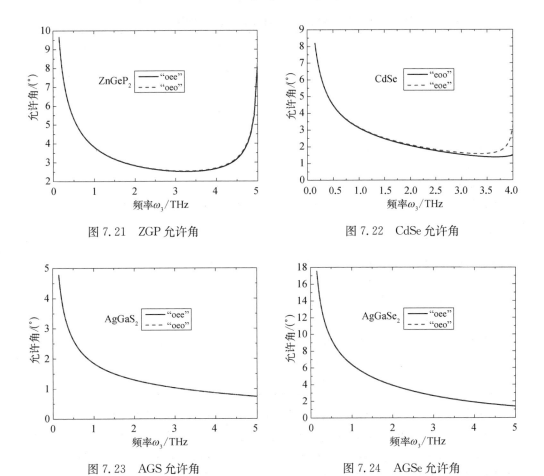

图 7.21　ZGP 允许角　　　　　　图 7.22　CdSe 允许角

图 7.23　AGS 允许角　　　　　　图 7.24　AGSe 允许角

从图上可以看出,对于Ⅰ类情况,随着差频所产生的太赫兹波波长从 5 THz 减小为 0.15 THz,ZGP 晶体中允许角先变小,在 3.26 THz 处达到最小值 2.51°, 然后允许角变大,在 0.15 THz 最大值为 9.67°;而 CdSe、AGS、AGSe 晶体中的允许角都随太赫兹波波长增加而逐渐增大,变化范围分别为 1.37°~8.19°,0.74°~4.78°,1.39°~17.53°。对于Ⅱ类相位匹配情况,ZGP、AGS、AGSe 晶体的允许角与Ⅰ类的几乎一样。相对于 GaSe 晶体,这四种晶体的允许角都非常大,这使得在实验中角度调谐的操作要方便许多。

## 7.3 晶体品质因数比较

根据 7.2 节的计算结果,我们将四种晶体的主要差频参数特性总结如表 7.1 所示,并列出根据第 4 章得到的 GaSe 晶体太赫兹差频参数以做比较。

**表 7.1 五种主要红外非线性晶体太赫兹差频参数特性**

| 晶体 | | GaSe | ZnGeP$_2$ | CdSe | AgGaS$_2$ | AgGaSe$_2$ |
|---|---|---|---|---|---|---|
| 晶系 | | 六方 | 四方 | 四方 | 四方 | 四方 |
| 点群 | | $\bar{6}m2$ | $\bar{4}2m$ | 6 mm | $\bar{4}2m$ | $\bar{4}2m$ |
| 密度 g/cm$^3$[15] | | 5.03 | 4.12 | 5.81 | 4.58 | 5.7 |
| 莫氏硬度[15] | | ~0 | 5.5 | 3.25 | 3~3.5 | 3~3.5 |
| 双折射特性 | | 负单轴 | 正单轴 | 正单轴 | 负单轴 | 负单轴 |
| 红外透光范围 | | 0.62~20 | 0.74~12 | 0.74~25 | 0.47~13 μm | 0.71~19 μm |
| 1 064 nm 吸收系数[15] | | <0.1 cm$^{-1}$ | 1.5 cm$^{-1}$ | <0.1 cm$^{-1}$ | <0.1 cm$^{-1}$ | <0.1 cm$^{-1}$ |
| 差频范围 | | 0.15~5 THz | 0.15~5 THz | 0.15~4 THz | 0.15~5 THz | 0.15~5 THz |
| 相位匹配角 | Ⅰ类 | 1.14~11.72° | 1.78~6.96° | 5~60° | 2.95~21.60° | 1.92~27.78° |
| | Ⅱ类 | 1.14~12.04° | 1.78~6.94° | — | 2.95~21.65° | 1.92~28.20° |
| 有效非线性系数 pm/V | Ⅰ类 | 51.8~54.0 | 4.65~18.0 | 1.53~15.0 | 1.22~8.69 | 1.10~15.38 |
| | Ⅱ类 | 52.8~54.0 | 2.32~9.06 | — | 2.43~16.19 | 2.21~27.49 |
| 走离角 Ⅰ类 | Pump | 0.34~3.38° | 0.050~0.192° | 0.075~0.444° | 0.13~0.88° | 0.033~0.41° |
| | THz | 0.45~7.12° | 0.032~0.120° | — | 0.086~0.18° | 0.045~0.53° |
| 允许角 | Ⅰ类 | 0.16~1.61° | 2.51~9.67° | 1.37~8.19° | 0.74~4.78° | 1.39~17.53° |
| 光损伤阈值 MW/cm$^2$ | | 30(@1.064 μm &10 ns)[16] | >74(@2.05 μm &10ns)[17] | >50(@1.995 μm &20ns)[7] | 35(@1.064 μm &10ns)[18] | <25(@1.064 μm &23ns)[19] |

从表上可以看出,除 CdSe 晶体不能通过Ⅱ类相位匹配差频产生太赫兹波外,其他晶体都可以满足Ⅰ类和Ⅱ类太赫兹差频相位匹配条件。从相位匹配角上来看,相对于 GaSe 的同类型配置,ZGP 所需相位匹配角要小,而 CdSe、AGS、AGSe 的都要大,在太赫兹高频段(3 THz 以上)接近 2 倍关系,特别是 CdSe 在 $\omega_3 >$ 4 THz 时,相位匹配角>60°,差频时需要进行适当的方向切割。由于晶体对称性和所需相位匹配角关系,ZGP、CdSe、AGS、AGSe 这四种晶体的有效非线性系数都比 GaSe 要小很多。但 ZGP、CdSe、AGS、AGSe 这四种晶体进行太赫兹差频时,e 光的走离角都要远小于 GaSe 晶体,且相对于 GaSe 晶体,这四种晶体的允许角都非常大,这使得实验中的操作要方便许多。

我们计算了相应的差频品质因数,如图 7.25 所示(这里品质因数使用 $\text{FOM}_1 = \dfrac{d_{\text{eff}}^2}{n_1 n_2 n_3}$ 来计算,各晶体在太赫兹波段的吸收系数由于不同厂家不同生长条件下会相差比较大,所以不用 $\text{FOM}_2 = \dfrac{d_{\text{eff}}^2 \alpha_3^2}{n_1 n_2 n_3}$ 来计算),可以看出在差频产生太赫兹波时,GaSe 晶体的品质因数要远高于其他四种晶体,在 0.15~5 THz 范围内要高 1 个数量级,而这四种晶体中 ZGP 的品质因数相对较高,但其对 1 μm 左右波长的泵浦激光吸收较大,在使用时需要设法降低吸收系数,文献[20]和文献[21]证明了通过热退火过程可以降低 ZGP 在近红外的吸收。另外,如果考虑晶体在太赫兹波段吸收的话,结合文献[22]中的数据得到的 GaSe 品质因数 $\text{FOM}_2$ 也优于 ZGP、CdSe、AGS、AGSe 这四种晶体,说明 GaSe 晶体更适合用于非线性差频产生太赫兹波的场合。

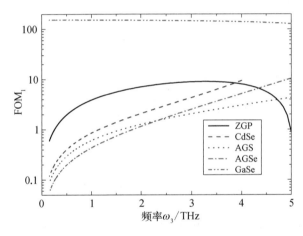

图 7.25　GaSe、ZGP、CdSe、AGS、AGSe 晶体太赫兹差频品质因数

## 参 考 文 献

[1] Bhar G C, Samanta L K, Ghosh D K, et al. Tunable parametric ZnGeP₂ crystal-oscillator. Soviet Journal of Quantum Electronics, 1987,17(7): 860-861.

[2] Boyd G D, Bridges T J, Patel C K N. Phase-matched submillimeter wave generation by difference-frequency mixing in ZnGeP₂. Applied Physics Letters, 1972,21(11): 553.

[3] Shi W, Ding Y J. Continuously tunable and coherent terahertz radiation by means of phase-matched difference-frequency generation in zinc germanium phosphide. Applied Physics Letters, 2003,83(5): 848-850.

[4] Creeden D, McCarthy J C, Ketteridge P A, et al. Compact fiber-pumped terahertz source based on difference frequency mixing in ZGP. IEEE Journal of Selected Topics in Quantum Electronics, 2007,13(3): 732-737.

[5] Bhar G C. Refractive-Index Interpolation in Phase-Matching. Applied Optics, 1976, 15(2): 305 – 307.

[6] Hanna D C, Lutherda B, Smith R C, et al. CdSe down-converter tuned from 9.5 to 24 $\mu m$. Applied Physics Letters, 1974, 25(3): 142 – 144.

[7] Andreou D. 16 $\mu m$ tunable source using parametric processes in nonlinear crystals. Optics Communications, 1977, 23(1): 37 – 43.

[8] Vodopyanov K L. Megawatt peak power 8 – 13 $\mu m$ CdSe optical parametric generator pumped at 2.8 $\mu m$. Optics Communications, 1998, 150(1 – 6): 210 – 212.

[9] Finsterbusch K, Bayer A, Zacharias H. Tunable, narrow-band picosecond radiation in the mid-infrared by difference frequency mixing in GaSe and CdSe. Applied Physics B-Lasers and Optics, 2004, 79(4): 457 – 462.

[10] Wang L S, Cao Z S, Wang H A, et al. A widely tunable (5 – 12.5 $\mu m$) continuous-wave mid-infrared laser spectrometer based on difference frequency generation in $AgGaS_2$. Optics Communications, 2011, 284(1): 358 – 362.

[11] Petit J, Bejet M, Daux J C. Highly transparent AgGaS(2) single crystals, a compound for mid-IR laser sources, using a combined static/dynamic vacuum annealing method. Materials Chemistry and Physics, 2010, 119(1 – 2): 1 – 3.

[12] Fan Y X, Eckardt R C, Byer R L, et al. Infrared parametric oscillator. Applied Physics Letters, 1984, 45(4): 313 – 315.

[13] Willer U, Blanke T, Schade W. Difference frequency generation in $AgGaS_2$: Sellmeier and temperature-dispersion equations. Applied Optics, 2001, 40(30): 5439 – 5445.

[14] Kildal H, Mikkelsen J C. The nonlinear optical coefficient, phasematching, and optical damage in the chalcopyrite $AgGaSe_2$. Optics Communications, 1973, 9(3): 315 – 318.

[15] Nikogosyan D N. 非线性光学晶体———一份完整的总结. 王继扬译. 北京: 高等教育出版社, 2009.

[16] Abdullaev G B, Allakhverdiev K R, Kulevskii L A, et al. Parametric conversion of infrared radiation in Gase crystal. Kvantovaya Elektronika, 1975, 2(6): 1228 – 1233.

[17] Schunemann P G, Schepler K L, Budni P A. Nonlinear frequency conversion performance of $AgGaSe_2$, $ZnGeP_2$, and $CdGeAs_2$. Material Research Society Bulletin, 1998, 23(7): 45 – 49.

[18] Kato K. High-Power Difference-Frequency-Generation at 5 – 11 $\mu m$ in $AgGaS_2$. IEEE Journal of Quantum Electronics, 1984, 20(7): 698 – 699.

[19] Eckardt R C, Fan Y X, Byer R L, et al. Broadly tunable infrared parametric oscillator using $AgGaSe_2$. Applied Physics Letters, 1986, 49(11): 608 – 610.

[20] Shi W, Ding Y J, Schunemann P G. Coherent terahertz waves based on difference-frequency generation in an annealed zinc-germanium phosphide crystal: improvements on tuning ranges and peak powers. Optics Communications, 2004, 233(1 – 3): 183 – 189.

[21] Hang G D, Tao X T, Wang S P, et al. Growth and thermal annealing effect on infrared transmittance of $ZnGeP_2$ single crystal. Journal of Crystal Growth, 2011, 318(1): 717 – 720.

[22] Palik E D. Handbook of optical constants of solids. Salt Lake City: Academic Press, 1998.

# 索　引

ADC 采集　　100
AgGaS$_2$　　126
AgGaSe$_2$　　126
BBO 晶体　　64
CdSe　　126
CdSe 晶体　　127
CO$_2$ 激光器　　15
DAST　　88
DTGS　　22
DTGS 探测器　　100
FFT 变换　　100
Fresnel 损耗　　37
GaAs　　43
GaP　　43
GaSe$_{0.91}$S$_{0.09}$　　112
GaSe 晶体　　77
Ge 片　　102
Gunns 振荡器　　18
IMPATT 二极管振荡器　　18
IMPATT 振荡器　　18
IRMMW-THz　　10
Kramers-Kronig　　7
KTP 晶体　　63
Manley-Rowe 关系　　36
Maxwell　　34
MEMS 工艺　　22
MgO：LiNbO$_3$　　17

Mylar 分束器　　90
Nd：YAG 激光器　　16
n 型磷化镓　　72
OH1　　88
OPO 产生　　63
OPO 光学　　63
Sellmeier 方程　　69
Sellmeier 色散方程　　81
Stokes 光　　47
Stokes 光斑　　58
Stokes 光子　　53
S 掺杂　　91
X 射线　　3
ZnGeP$_2$　　126
ZnGeP$_2$ 晶体　　126
"oee"共线　　77
Ⅰ类相位匹配　　39
Ⅰ类相位匹配角　　103
Ⅱ类相位匹配　　39
Ⅱ类相位匹配角　　103

**A**

安全性　　3

**B**

半波片　　65
宝石激光器　　33
保密通信　　8
倍频　　18

倍频器 19
泵浦光 44
泵浦光波 38
泵浦源 16
变容二极管 18
冰云 4
玻色-爱因斯坦 47
步进扫描 100

C

材料吸收 77
参量放大 44
参量效应 11
参量效应产生 16
参量作用区 46
差频 33
差频波 40
掺硫硒化镓 88
掺镁铌酸锂 49
场效应晶体 20
超导 SIS 探测器 25
超导量子干涉器件 23
超导热电子 26
超导体-绝缘体-超导体 24
超导体热电子 24
超短激光脉冲 12
成像技术 20
臭氧 4
穿透能力 3

D

大气窗口 2
带间跃迁 19
单轴晶体 41
单纵模调 Q 激光器 112
单纵模调 Q 激光器 99
等离子体 14
等效噪声功率(NEP)典型值 21
低通滤波片 102
电磁波 1
电磁耦子 52

电光效应 24
电极化 34
电子返波管 20
电子-空穴复合 19
动量守恒 44
对流层 4

E

二次差频 89
二次谐波 33
二阶非线性光学系数 37

F

反射镜 65
反射临界角 57
方位角 78
方向性 3
飞秒激光 23
非本征 Ge 光电导探测器 21
非共线相位匹配 43
非极性材料 3
非线性波动方程 34
非线性光学差频 15
非线性极化强度 36
非相干探测器 21
非寻常光(e 光) 39
非制冷探测器 21
分辨率 100
分束棱镜 99
分子特征吸收线 4
负单轴晶体 51
负阻效应 18
复介电常数 53
傅里叶光谱仪 90

G

干涉仪 100
高功率 86
高莱探测器(Golay Cell) 21
高压汞灯 11
格兰偏振棱镜 99
各向同性晶体 62

# 索 引

耿氏(Gunns)振荡器　18
共线太赫兹差频　69
光斑直径　65
光电导　2
光电导天线　23
光电导天线探测器　23
光电导效应　12
光电型探测器　21
光化电离　3
光损伤阈值　136
光纤光谱仪　57
光学产生方法　11
光学拍频效应　17
光学整流　33
光整流产　24
光整流效应　13
光轴　39
光子能量　3
光子转化效率　114
硅棱镜　50
硅微测辐射热计　65

## H

毫米波　1
毫米波固态源　18
和频　33
黑体辐射理论　1
恒温系统　86
横向光学声子　69
红外光　1
红外活性　52
混频器　24

## J

极化率　40
极化强度　34
角度失配系数　83
结晶性　93
禁带宽度　93
经典理论　3
晶格振动　46

晶体长度　78
晶体品质因数　136
晶体硬度　92
聚乙烯镜　65

## K

可调谐参量振荡源(OPO)　65
空间遥感　20
孔径　99
宽波段　89
宽调谐　105

## L

拉曼光谱　94
拉曼活性　52
拉曼区　46
拉曼散射　47
拉曼吸收峰　95
类光子　46
类光子特性　52
类声子　46
类声子特性　52
理想晶体　78
立体角　47
量子点探测器　20
量子级联激光器　10
临边探测器　9
磷化镓　69
六方层状结构,层状晶体　89
六角晶系　93
滤光片　65

## M

莫氏硬度　51
目标特性　119

## N

纳秒脉冲　102
能量计测　59
能量守恒　44
能量守恒定理　78
能量转化效率　114
铌酸锂　42

黏合力 92
钕玻璃激光器 15

**P**

抛物面反射镜 99
偏差角 84
偏振片 65
品质因数 137
平流层 4
平面波近似 35
平面肖特基 18

**Q**

全发射 57

**R**

染料激光器 15
热导热率 89
热释电探测器 22
热探测器 22
热响应时间常数 22
热效应 22
热信号 102

**S**

三波耦合 33
色散方程 53
剩余射线带 43
石英晶体 33
实际晶体 78
室温热探测器 22
受激电磁耦子散射 33
竖直偏振 99
双光子吸收 69
双优势性 3
双折射相位匹配 42
双折射效应 39
水平偏振 99
四波混频效应 14
损伤阈值 102

**T**

太赫兹 1
太赫兹波产生 1

太赫兹参量产生 44
太赫兹参量产生源 50
太赫兹参量源 17
太赫兹参量振荡 17
太赫兹成像 6
太赫兹辐射源 1
太赫兹光 44
太赫兹光谱 7
太赫兹雷达探测 8
太赫兹量子级联激光器 19
太赫兹气体激光器 11
太赫兹时域光谱 7
太赫兹探测器 1
太赫兹通信 7
太赫兹望远镜 4
太赫兹振荡源(TPO) 50
泰勒展开 82
探测 1
探测器 QWIP 21
天文探测 4
铁电畴 42
同步辐射 19
同质结/异质结 20
透射谱 90
透射系数 37
透视性 3

**W**

外部入射角 96
外部相位匹配角 106
外差接收 9
外差探测 24
微波 3
微观量子理论 3
温度漂移 86
无机非线性晶体 89

**X**

吸收系数 54
硒化镓 88
闲频光 44

闲频光光子　53
线栅常数　57
线栅偏振器　104
相干长度　43
相干太赫兹辐射源　10
相干探测　2
相位匹配　38
相位匹配角　78
相位失配　77
消光系数　54
肖特基二极管　24
肖特基二极管混频器　24
肖特基势垒　25
肖特基势垒二极管（SBD）　24
信号光　16
雪崩击穿　19
寻常光（o 光）　39

## Y

亚毫米波　2
氧八面体中心　51
遥感　4
硬度　91
有效长度　78
有效非线性　98
有效非线性极化率　44
有效非线性系数　78
有效非线性系数 $d_{\text{eff}}$　41
有质动力　14
宇宙学参数　4

远红外波　2
远红外傅里叶光谱仪　86
远距离探测　116
允许角　84

## Z

增益　47
增益因子　33
折射率系数　54
锗镜　65
锗片　99
振荡器　19
正单轴晶体　126
直接探测　21
指纹谱线　71
指纹识别性　3
中红外　89
中红外差频　99
种子脉冲注入　63
周期性调制　41
周期性极化晶体　42
主轴折射率　39
注入种子　99
转换效率　89
准相位匹配　41
自发极化　51
自由电子激光器　19
走离角　40
最佳长度　78

# 后　记

　　太赫兹光学差频源具有调谐范围宽、峰值功率高和单色性好等特点，具有多方面的应用前景。本书在太赫兹非线性光学差频产生前沿方面进行了较为深入的研究和讨论分析，取得了一定的成果，但还有若干内容和问题需要进一步的研究与分析。

　　1. 提高太赫兹波差频出射功率的核心之一是选择合适的非线性晶体材料，晶体的特性和质量在很大程度上决定了频率转换的效率。除了本书已研究的无机非线性晶体外，一些具有大非线性系数的有机晶体诸如 DAST，BNA，OH1 等也已用于太赫兹波的差频产生，通过选择合适长度的晶体，进行相关的差频实验，分析比较更加适合的差频晶体参数；另外，最近发展起来的 SiC、$Ga_2S_3$ 等新型晶体材料虽然非线性系数不高，但具有非常高的损伤阈值，在高功率太赫兹差频源发展中也具有非常重要的前景。

　　2. 未来太赫兹的遥感和雷达等应用研究中可能需要千瓦级甚至兆瓦级源功率，为了进一步地提高太赫兹光辐射功率，可以开展太赫兹振荡源和注入种子光束的太赫兹放大器研究工作。

　　3. 在未来生物医疗等领域，仪器小型化、便携式具有优势，可考虑基于光纤激光器泵浦激发的太赫兹差频源研究。

　　当以上光源技术的主要问题得到很好地解决后，人类对太赫兹波的认识也将逐渐深入，由不成熟变得成熟！

作者

2015 年 12 月 18 日